Arnold / Reibetanz

Alles für die Ziege

Annette Arnold und René Reibetanz

Alles für die Ziege

Handbuch für die artgerechte Haltung

pala verlag

Inhaltsverzeichnis

Einleitung

Als wir vor vielen Jahren unsere erste Ziege erwarben, wussten wir noch relativ wenig über ihre Bedürfnisse, Ansprüche und Eigenarten. Wir schielten zunächst nach dem Nutzen, wollten gesunde Milch von Tieren, von denen wir wissen, was sie fressen, wie sie leben und gehalten werden. Wir wollten und wollen wissen, was auf den Tisch kommt. Nur so kann man heutzutage weitgehend Risiken vermeiden, die sich ergeben, wenn Nahrungsmittel mit großem technischem und chemischem Aufwand produziert und denaturiert werden.

Die Qualität von handelsüblicher Vollmilch leidet unter den modernen Wirtschafts- und Verarbeitungsmethoden. Kühe weiden in industriellen Ballungsgebieten, um Fabriken mit teilweise giftigen Emissionen, auf belasteten Weiden in der Nähe von Atomkraftwerken, neben Autobahnen und stark befahrenen Straßen. Die Wiesen, die uns so idyllisch erscheinen, sind arm in ihrer Kräuter- und Gräservielfalt. Die Stallhaltung und -fütterung trägt ebenfalls nicht zur Qualitätsverbesserung der Milch bei.

Viele Bestandteile der Kraftfuttermischungen sind importiert und enthalten Rückstände giftiger Pflanzenschutzmittel, deren Anwendung bei uns verboten ist. Oder sie sind genmanipuliert, ein Thema dessen Auswirkungen noch wenig erforscht sind, aber ernsthafte Bedenken aufkommen lassen. Oder sie sind gar mit Tiermehl in Berührung gekommen, von dem wir alle wissen, dass es BSE-Erreger enthalten kann und für die Übertragung dieser schrecklichen Seuche verantwortlich zu machen ist. Ferner gibt es in der Massentierhaltung einen enormen Einsatz an Medikamenten. Aber nur bei erkannten Extremen führt die Schadstoffbelastung zu öffentlichem Aufsehen.

Dabei ist Milch eigentlich ein unübertroffenes Grundnahrungsmittel, gerade für Kinder ist sie unentbehrlich. Solange es uns nicht gelingt sicherzustellen, dass ihre Produktion und Weiterverarbeitung sauber, überschaubar und qualitätserhaltend geschieht, bleibt uns nur die Selbstversorgung als Alternative. Als Selbstversorger kontrollieren wir eigenverantwortlich die Prozesse bis hin zum Endprodukt und können damit weitgehend die Schrecken von Kontamination oder gar Seuchen ausschließen. Eigentlich ist es ganz einfach, hochwertige Produkte von gesunden Tieren zu erhalten, und wie das geht, zeigen wir in diesem Buch.

Selbstversorgung ist heute in vielen Bereichen zur Notwendigkeit geworden. Sie bietet allerdings keine Lösung für das allgemeine Umwelt-

Dilemma, sondern hilft nur individuell, Gesundheitsrisiken gering zu halten und führt zu einer Sensibilisierung gegenüber den Problemen.

Das über Milch Gesagte gilt natürlich auch für Milchprodukte und Fleisch. Was lag also näher, als nach einem für unsere Zwecke geeigneten Tier zu suchen? Eine Kuh stand für uns nicht zur Diskussion, sie ist schließlich sehr groß, frisst entsprechend viel und wir befürchteten, dass wir in unserem Haushalt die Milchflut nicht bewältigen könnten. Also blieb die Wahl zwischen Ziege und Milchschaf. Beide waren uns sympathisch. Pro und Contra waren so gleichgewichtig, dass wir uns kurzerhand für beide Arten entschieden.

Heute können wir sagen: Die Ziege ist das ideale Tier für die Selbstversorgung mit besten Milchprodukten und schmackhaftem, magerem Fleisch. Sie liefert uns auch im Winter wertvolle Milch.

In unserem kleinen Dorf stehen uns ausreichend Grünflächen und stallfähige Nebengebäude zur Verfügung und so konnten wir im Laufe der Jahre unsere Tierhaltung ausbauen. Bereits im zweiten Jahr hatten wir täglich mehr Milch als wir selbst aufbrauchten. Wir begannen, unsere Überproduktion zu verkaufen, zur Selbstversorgung kam der Nebenerwerb. Nachbarn im Dorf sahen teils mit Freude, teils mit Neid, wie groß die Nachfrage nach unseren Käsen war. Sie boten uns Brachland und kleine Wiesenstücke an, die sich für maschinelle Bearbeitung nicht lohnten. Wir nahmen diese Angebote dankbar an, unsere Tiere hatten selten Futterprobleme.

Die Ziege haben wir besonders lieb gewonnen. Sie ist klug, lebendig, freiheitsliebend, naturnah, aufmerksam und geschickt. Sie ist in ihrer Art mit keinem anderen Nutztier vergleichbar. Artgerechte Ziegenhaltung erfordert eine ständige Auseinandersetzung mit ihrem Wesen, eine Aufgabe, bei der wir immer wieder Neues lernen und viel Spaß erleben.

Als wir anfingen, gab es so gut wie keine Literatur über Ziegen. Wir waren auf zufällige Tipps und Informationen älterer Leute sowie eigene Beobachtung und gutes Gespür angewiesen. Dabei haben wir Hochs und Tiefs, Probleme und Freuden mit den Tieren erfahren.

Mittlerweile ist die Ziege wieder populär, wir haben viele Freunde und Bekannte beraten, Ihnen mit unserer Erfahrung und unserem Wissen geholfen und tun es heute noch.

Mit diesem Buch möchten wir einen größeren Kreis erreichen. Für den Anfänger ist es eine praktische Anleitung zur artgerechten Ziegenhaltung und Selbstversorgung mit Milch, Käse, Quark, Joghurt, Butter und Fleisch. Aber auch langjährige Ziegenhalter finden viele interessante Anregungen, die leicht zu verwirklichen sind und neue Möglichkeiten eröffnen. Und wir hoffen, dass die Ziegen mit diesem Buch ebenfalls zufrieden sind.

Das Wesen der Ziege

Die Ziege – ein mit Vorurteil beladenes Tier

Ziegen sind keineswegs dumm – sie sind die intelligentesten Wiederkäuer. Hinzu kommt ihre außerordentliche Geschicklichkeit und die Sicherheit, mit der sie über Gräben springen, steile Schluchten erklimmen oder über das rutschige Stalldach klettern. Sie scheinen immer zu wissen, was sie wollen und wie sie ihr Ziel erreichen.

Ihre Klugheit wird uns noch oft vor Rätsel stellen, besonders wenn wir herausfinden wollen, wo und wie sie wieder von ihrer Wiese ausgebrochen ist. Sie finden Schwachstellen in Zäunen erstaunlich schnell und wissen auf Anhieb, wo dichte Hecken am leichtesten zu durchqueren sind. Und wenn wir einmal ein entlaufenes Tier wiederfinden wollen, müssen wir uns manchmal tief in die Natur der Ziege hineinversetzen, müssen fast selbst zur Ziege werden, um nachvollziehen zu können, wo sie langgelaufen ist.

Wir unterschätzen ihre Intelligenz immer wieder. Sie ist eine Herausforderung an uns, an unser Verständnis und unsere Kenntnisse von der Natur. Nur wer zu dieser Herausforderung bereit ist, sollte selber Ziegen halten. Wer ihr nicht gewachsen ist, entwickelt aus der Liebe schnell Hass, und damit stände die Ziege wieder in dem Zwiespalt, der sie seit Generationen – zu Unrecht – begleitet.

Kaum einem Haustier wird so viel Schlechtes nachgesagt wie der Ziege, selten wurde ein Tier mit so vielen Vorurteilen bedacht. In unserer Umgangssprache wird »meckern« für schimpfen gesetzt, ein Mensch wird als »zickig« bezeichnet, wenn er sich eigensinnig, hartnäckig verhält. Eine Zicke ist eine Frau, die viel meckert, »Zicken machen« steht für Dummheiten. Und die »Ziege loslassen« heißt soviel, wie tüchtig feiern, über die Stränge schlagen – was die Ziege bestimmt auch tut, wenn sie sonst nur angebunden ist. Von Darstellungen aus dem Mittelalter wissen wir, dass mit der Ziege und besonders dem Ziegenbock das Böse schlechthin verbunden wurde. Der Teufel erhielt die Gestalt des Bockes, Hexen ritten auf Ziegenböcken durch die Luft.

Die Vorurteile erstrecken sich aber nicht nur auf ihr Wesen, auch ihre Produkte werden mit eingeschlossen. Immer wieder trifft man Leute, die steif und fest behaupten: Ziegenmilch schmeckt streng und ihr Fleisch ist zäh. Niemand jedoch, den wir zum Probieren überreden konnten, hielt sein Vorurteil aufrecht. Jeder war erstaunt und begeistert von dem angenehm herzhaften, würzigen und trotzdem süßen Geschmack der Milch. Und das Fleisch ist durchaus mit Schaffleisch vergleichbar, es ist etwas magerer und dadurch vielleicht fester, aber zäh ist nur das Fleisch alter Tiere.

Die Geschmacksvorurteile haben verschiedene, aber nachvollziehbare Ursachen. Die Ziege wurde besonders häufig in schlechten Zeiten gehalten. Man war dankbar für die täglich frische Milch in haushaltsgerechter Menge, man konnte Kinder damit großziehen oder Butter, Käse und Quark bereiten. Und hin und wieder wurde auch geschlachtet.

Allerdings ist die Art der Haltung in Kriegs- und Krisenzeiten ein dunkles Kapitel. Einen Stall hatte nicht jeder, Materialien waren knapp. Es ging ums eigene Überleben. Da wird man schnell kurzsichtig und die Ziegen werden nur Mittel zum Zweck. Man vergaß, dass auch sie Lebewesen sind. Arbeit gab es mit anderen Dingen genug und nicht jeder brauchte zu wissen, dass man einen Grundnahrungsmittelproduzenten im Hause hatte.

So fristeten sie meist ein trauriges Dasein, tagaus tagein kurz angebunden in feuchten Kellern oder anderen dunklen Löchern. Ihr Futter bekamen sie vorgeworfen, und wenn sie ruhen wollten, blieb ihnen keine andere Wahl, als sich mit dem Euter in diese Pampe von Mist und zertretenen Futterresten zu legen. Dass diese Milch streng schmecken muss, ist selbstverständlich, besonders, wenn man weiß, dass Milch die Gerüche und Geschmäcke ihrer Umgebung stark annimmt. Lange Zeit war diese Art der Ziegenhaltung in Deutschland die verbreitetste und ist leider heute noch nicht völlig ausgestorben.

Es kann durchaus sein, dass jemand sich an Milch aus einer derartigen Haltungsform erinnert und daraus eine Allgemeinformel macht. Das »zähe« Ziegenfleisch ist oft auch nur die Erinnerung an den Festtagsbraten, bei dem die ausgediente Altziege den Gästen als Lammbraten serviert wurde.

Außerdem löst das Stichwort »Ziege« heute noch häufig Erinnerungen an schlechte Zeiten aus, die jeder für überwunden hält. Zeiten von Armut und Mühsal, Entbehrungen und Krieg. Die Ziege ist zum Symbol armer Leute geworden – sie ist die Kuh des kleinen Mannes.

Eine ganz andere Einstellung finden wir dagegen bei anderen Völkern, z. B. bei den Iren. Dort wird Ziegenmilch für Kleinkinder als wertvollste Milch geschätzt, und es ist bekannt, dass Ziegenmilch von Menschen vertragen wird, die unter einer Allergie gegen Kuhmilch leiden. So wird Ziegenmilch als Frisch- oder Trockenmilch in vielen Lebensmittelgeschäften angeboten.

Ein weiteres vorschnelles Urteil ist die Behauptung: Ziegen sind Wüstenmacher, sie zerstören Büsche, Hecken und Bäume. Ihnen wird die Verkarstung des Mittelmeerraumes in die Schuhe geschoben. Christian Gall führt in seinem Buch »Ziegenzucht« sehr schön aus, wie diese Veränderung der Vegetation tatsächlich vonstatten ging. Eingeleitet wurde die Zerstörung der Wälder durch den Menschen: Für Schiffs- und Hausbau wurde rücksichtslos abgeholzt, ohne Bäume nachzupflanzen. Dann wurde für den Ackerbau gerodet. Schließlich gab es Weiden, die jährlich abgebrannt wurden, um den Ertrag, besonders für Rinder, zu steigern. Dabei entstanden Waldbrände, die ebenfalls einen Teil der Bäume vernichteten.

Wo der Wald auf diese Arten durch Menschenhand verschwunden war, führten nun unvermeidliche Erosionsschäden langsam zu einer Verkümmerung der Vegetation. Sie reichte bald nicht mehr zur Rinderhaltung aus, auch für Schafe gab sie irgendwann zu wenig her. Übrig blieben einzig die Ziegen als Nutztiere, sie fanden noch genug Futter. Allerdings brachten sie dort nur geringe Leistungen und deshalb mussten die Ziegenbauern immer größere Herden halten, um wenigstens kleine Gewinne zu erzielen. Dieses Bild finden wir z. T. heute noch in weiten Teilen der Welt: Viele Ziegen auf degenerierten Weiden. Wer an diesem Zustand allein den Ziegen die Schuld gibt, leugnet einfach die Entstehungsgeschichte und den verantwortungslosen Raubbau des Menschen an der Natur.

Womit nicht behauptet werden soll, Ziegen hinterlassen keine Schäden an der Vegetation. Sie fressen fast alles, was grün ist, mit Vorliebe junge Blätter von Bäumen und Büschen. Auch neue Triebe und Rinde sind für sie ein Leckerbissen. Sie sind sehr geschickt, um an höher gelegene Zweige heranzukommen. Beim Aufrichten brechen mitunter größere Äste oder ganze Büsche nieder. Bis in zwei Meter Höhe erreichen sie ihr Futter ohne große Probleme.

Nun dürfen wir uns nicht vorstellen, dass die Ziege sich über einen Busch hermacht und diesen systematisch kahl frisst. Wenn sie sich frei bewegen kann und genügend Auswahl im Futter hat, so nascht sie von diesem Busch ein wenig und von jenem, frisst Gräser und Kräuter, und man kann auf Anhieb keinen Schaden feststellen. Erst wenn die Anzahl der Ziegen für die Weidefläche zu groß ist, treten Schäden auf. In der Nähe des Stalls haben Sträucher wenig Lebenschancen, wenn die Ziegen zu ihnen ständig Zugang haben.

Der Speiseplan von Ziegen ist so vielseitig, wie sonst kaum bei einem Tier. Nur wenige Pflanzenarten werden verschmäht. Selbst stachlige Disteln und Giftpflanzen kann sie aufnehmen und verwerten. Sie weiß sehr wohl, was ihr bekommt und frisst am liebsten die nährstoffreichen Teile der Pflanze. Bei freier Haltung nimmt sie nur kleine Mahlzeiten verteilt über den Tag zu sich, läuft viel beim Fressen und legt ausgiebige Ruhepausen zum Wiederkäuen ein.

Für die Haltung müssen wir also berücksichtigen, dass die Wiese vielseitig sein muss, im Idealfall mit viel schnellwachsendem Buschwerk, dass sie gut eingezäunt ist, und die Stallfütterung sich nicht auf zwei Mahlzeiten beschränken darf, sondern ständig Heu und Zweige angeboten werden. Eine artgerecht gehaltene Ziege wird zufrieden sein, und wenn wir dazu bereit sind, werden wir über ihre »Zicken« lachen können.

Charakter, Individualität, Lernvermögen

Ziegen haben individuell stark ausgeprägte Verhaltensweisen, die sie von anderen Haustieren unterscheiden. Sie sind zwar eigentlich Herdentiere, können aber auch sehr gut in Kleingruppen gehalten werden. Ihre Anpassungsfähigkeit ist enorm, dennoch haben sie ihren eigenen Willen und kennen ihre Bedürfnisse. Es ist eine Kunst, Fingerspitzengefühl dafür zu entwickeln, ihren Bedürfnissen gerecht zu werden und sie dennoch nicht zu verwöhnen.

Allein schon vom Äußeren sehen Ziegen alle verschieden aus, selbst wenn sie von der gleichen Rasse sind. Der Körperbau, die Färbung und besonders die Gesichtszüge sind selten zum Verwechseln ähnlich. Aber auch vom Charakter her finden sich kaum zwei gleiche Ziegen. Das ist bestimmt zum einen durch ihre harte Rangordnung bedingt, zum anderen durch die Art, wie sie ihre Beziehung zum Menschen aufbauen. Manche Ziegen sind scheu und schreckhaft, andere folgen den Kindern ins Haus, sind zärtlich und frech. Es liegt viel an uns, wie wir die Tiere an uns gewöhnen.

Das Lernvermögen der Ziege ist erstaunlich, vorausgesetzt es steht bei ihr ein Interesse dahinter. Sie findet Löcher und Schwachstellen im Zaun sofort, wenn die Wiese knapp wird, sie erwartet uns zu den Fütterungszeiten, eine quietschende Tür oder ein klappender Deckel sind ihr Signal. Den Weg zur Wiese kennt sie nach einem Tag, weiß auch gleich, wo ihr Stall ist. Sie fasst Zutrauen zu der Person, die sie betreut, Fremden gegenüber bleibt sie zurückhaltend. Mit Leckerbissen können wir sie an schwierige Situationen gewöhnen – und auch leicht verwöhnen. Jungen Ziegen kann man sogar kleine Kunststückchen zeigen, sie sind geeignet für einen Kinderzirkus.

Nur eins klappt nicht: Man kann der Ziege keine Verbote beibringen. Genau dies finde ich so herrlich an ihr, dass sie nur macht, was ihr gefällt. Autoritäre Menschen werden mit ihr kein Glück haben. Vielleicht hat sie ja auch deswegen so einen schlechten Ruf.

Pro und Contra Hörner

Die Urformen und heutigen Wildarten der Ziege sind gehörnt. Es gibt zwei Hauptrichtungen in der Hornform, die säbelförmig gebogenen und die schraubenartig verdrehten und dazu viele Variationen. Auch unsere Hausziegen haben eigentlich Hörner. Wann man damit begann, die hornlose Form gezielt herauszuzüchten, ist ziemlich unklar. Hornlose Einzeltiere kommen als Mutationen bei Wildziegen vor, sie haben aber wenig Chancen, sich trotz dominanter Erbanlagen in ihrer Art in freier Wildbahn zu vermehren.

Hörner sind Waffen und hornlose Tiere können sich gegen ihre Feinde (z. B. Hunde) schlechter wehren. Außerdem sind sie bei den Rangordnungskämpfen in der Herde die Unterlegenen, sie stehen hinten an oder werden vertrieben. Hörner sind Werkzeuge, mit denen Äste gebrochen und dirigiert werden können, um an höher gewachsenes Laub zu gelangen. Sie dienen der Körperpflege, indem sich die Ziege mit ihnen an den Körperstellen kratzen kann, die sie sonst mit Maul oder Klauen nicht erreicht. Ziegen sind so geschickt und sicher im Umgang mit ihren Hörnern und sie benutzen sie so häufig, dass ich der Meinung bin, dass sie ein wesentlicher Körperteil von ihnen sind. Das Erscheinungsbild einer Ziege mit Hörnern wirkt stolz und prächtig. Aber das ist ein persönlicher Eindruck.

Ein Zuchtziel vieler Ziegenzüchter ist dagegen die Hornlosigkeit. Ähnlich wie bei Schafen und Rindern will man dadurch die Verletzungsgefahr beim Umgang mit den Tieren verringern. Außerdem glaubt man, dass hornlose Tiere weniger an der Stalleinrichtung oder an Zäunen zerstören und damit wirtschaftlicher sind. Das ist bedingt sicher richtig. Hornziegen rupfen gerne mit ihrem Kopfschmuck das Futter aus der Raufe und knacken dabei auch schon mal eine Strebe. Hörner sind ein wunderbarer Hebel, um Türen aufzubrechen und Zäune zu lösen. Doch dies kann man bei Stalleinrichtungen alles berücksichtigen und man glaube ja nicht, hornlose Ziegen bräuchten keinen soliden Stall. Sie sind nicht dümmer und bedienen sich anderer Tricks, um das Erwünschte zu erlangen.

Ziegen sind flink in ihren Bewegungen, und so kann es durchaus passieren, dass man bei einer hastigen Kopfbewegung von ihrem Horn getroffen wird. Das geschieht selten in böser Absicht. Die Ursache ist meist menschliche Verschlafenheit.

Mich selbst traf einmal die Spitze des wunderbar weit ausladenden Gehörns unseres Prachtbocks genau zwischen die Augen. Er guckte neugierig zu, wie ich den Wassereimer in seinem Stall befestigte und drehte dann ganz langsam den Kopf zu einer Ziege hin. Ich habe einfach nicht aufgepasst. Ansonsten haben wir seit vielen Jahren Ziegen mit Hörnern, und es hat bei uns keine nennenswerten Verletzungen oder Zerstörungen gegeben. Aufmerksamkeit sollte in jedem Fall Voraussetzung für den Umgang mit Tieren sein, zum Schlafen legt man sich besser ins Bett.

Hornlose Ziegen sind ebenso flink in ihren Bewegungen und auch bei ihnen kann es passieren, dass man unsanft gebufft wird. Der Unterschied zwischen beiden ist vielleicht mit dem Unterschied zwischen Spitzhacke und Vorschlaghammer vergleichbar. Hornlose Ziegen hauen mit den Köpfen genauso aufeinander ein, als hätten sie Hörner. Und weil ihnen die Möglichkeit zum Pieksen fehlt, neigen sie nach unseren Beobachtun-

gen bei Auseinandersetzungen eher zum Beißen. Sie wirken untereinander biestiger, halt zickiger.

Dann gibt es Ziegen, die gerne Menschen stoßen. Meist verbirgt sich dahinter eine Aufforderung zum Kraulen oder die Bitte um einen Leckerbissen. Ich bezweifle, dass es sich hier um eine angeborene Bösartigkeit handelt. Falsches Verhalten gegenüber der Ziege in ihrer Kindheit und Jugend sind eher die Ursachen. Böcke wollen zuweilen mit ihrem Halter die Kräfte messen oder sie verhalten sich einem Fremden gegenüber feindselig. Auch das ist keine Bösartigkeit, sondern liegt in der Natur der Ziege. Bei solchem Verhalten wirken Hörner natürlich bedrohlicher und können auch gefährlich sein. Sie sind aber ein recht praktischer Griff, an dem man Ziege oder Bock kräftig packen kann, bis man sich selbst in Sicherheit gebracht hat. Hornlosen Tieren gegenüber ist man da hilfloser. Sie haben eine andere Art mit dem Kopf zu stoßen, sie werfen ihn seitlich aus dem Nacken heraus. Es ist nicht so einfach, Abstand zu halten, auch diese Stöße haben es in sich.

Es fällt schwer, eindeutige Argumente für die Hornlosigkeit bei Ziegen zu finden. Selbst Rangordnungskämpfe im Stall führen nicht zu ernsthaften Verletzungen. Allerdings kann eine Haltung, die zu wenig auf die Bedürfnisse der Tiere eingeht, zu verstärkter Aggressivität führen. Dazu gehören überbesetzte Ställe, ausschließliche Stallhaltung, zu wenig Bewegung, Langeweile. Bei unzufriedenen, aggressiven Tieren sind Hörner sicher nicht erwünscht. Hornlose Ziegen sind daher problemloser in modernen Großställen zu halten.

Dagegen gibt es einen schwergewichtigen Nachteil für die Hornlosen zu verbuchen. Und zwar besteht bei Ziegen ein direkter Zusammenhang zwischen Hornlosigkeit einerseits und Unfruchtbarkeit und Zwitterbildung andererseits. Hornlose Ziegen können entweder erbrein oder mischerbig sein, was sich äußerlich erkennen lässt. Bei reinerbigen Tieren sind die Hornzapfen rund und sauber voneinander getrennt, bei mischerbigen fließen sie vorn zusammen und haben häufig ein bis zu drei Zentimeter großes, warzenähnliches Horngebilde.

Reinerbig hornlose weibliche Ziegen sind zu 100 % unfruchtbar. Die Geschlechtsorgane werden nicht normal ausgebildet, es zeigen sich männliche Merkmale in verschiedensten Variationen. Teilweise werden die Ziegen sogar für Böcke gehalten. Die Zwittrigkeit ist aber nicht unbedingt zu erkennen. Bei reinerbig hornlosen Böcken wird die Entwicklung der Geschlechtsorgane ebenfalls gestört, statistisch ist die Hälfte dieser Tiere durch Samenstauung unfruchtbar.

Auch bei der Kreuzung mischerbig hornloser Tiere treten Zwitterbildung und Samenstau auf, und zwar statistisch bei einem Viertel der Nachkommen! Es ist das Viertel, welches nach den Gesetzen der Vererbungslehre für das Merkmal hornlos jetzt reinerbig geworden ist. Das zweite Viertel der Nachkommen ist gehörnt (!), die Hälfte hornlos-mischerbig.

Die Züchtung hornloser Ziegen bringt einige Probleme mit sich, man möchte sagen, sie ist wider die Natur. Bei allen Bemühungen werden immer wieder Tiere mit Hörnern geboren. Und was hat der Mensch sich dazu ausgedacht? Er enthornt diese Tiere. Wenige Tage nach der Geburt wird durch Ätzen oder Ausbrennen die Knochenhaut zerstört, die den Hornzapfen wachsen lässt. Ich will auf diese Methode nicht näher eingehen, weil ich diese Maßnahme für pervers halte.

An dieser Stelle möchte ich noch einen Schwachkopf aus einem Nachbardorf verewigen. Er kaufte eine Hornziege in Milch, weil sie billig war und sägte ihr zuhause die Hörner einfach ab. Kurz darauf blieb die Milch aus und wenige Tage später verstarb die Ziege. Das müssen unsagbare Torturen für das Tier gewesen sein, im unteren Teil des Horns ist lebendiges Gewebe. Bereits gewachsene Hörner zu beseitigen, ist in jedem Fall Tierquälerei, weder Sägen, Ausbrennen, Ätzen oder Abschnüren sind dafür geeignete Methoden. Einer Ziege, die bereits Hörner hat, muss man die Hörner lassen (weiteres zur Enthornung auf Seite 151).

Schwierigkeiten im Stall kann es geben, wenn man hornlose Ziegen hat und nun eine mit Hörnern dazukauft oder aus eigener Zucht wächst eine mit Hörnern geborene heran. Hornziegen setzen sich den Hornlosen gegenüber stets durch, sie tragen die Argumente auf dem Kopf. Die Hornlosen stellen sich selten der Herausforderung, sie neigen eher zur Flucht. Die Hornziege setzt nach, die Hornlose gerät in Panik und das Chaos ist perfekt. Wie bei den Wildziegen sind die Hornlosen im Stall das letzte Glied in der Rangordnung, sie werden behandelt, als gehörten sie gar nicht dazu, werden gejagt und vertrieben.

Einmal musste ich sogar miterleben, wie unsere alterfahrene Hornziege Susi das gerade geborene Lamm einer Hornlosen bei den Ohren nahm und in die Stallecke schleuderte. Sie war sonst immer sehr hilfsbereit und fürsorglich bei anderen Geburten.

Ich würde deshalb davon abraten, Ziegen mit und ohne Hörner gemeinsam in einem Stall zu halten. Mit der Ruhe ist es vorbei. Auch wenn das Verhalten sich scheinbar eingespielt hat, der Zwist schwelt weiter. Die hornlose Ziege bleibt die Unterdrückte, und es macht keine Freude, das beobachten zu müssen.

Es ist auf jeden Fall sinnvoll, sich von vornherein zu überlegen, welche Art von Ziegen man lieber halten möchte, welche einem sympathischer ist. Entscheidet man sich dennoch für beide Arten, muss man sie im Stall voneinander trennen.

Übrigens: Horn oder nicht Horn spielt beim Umgang mit Kindern überhaupt keine Rolle. Hier zählt nur der Charakter des Tieres, seine vorherigen Erfahrungen mit Kindern und deren Verhalten der Ziege gegenüber. Ebenso ist unser Respekt und besonders unsere Angst vor Hornziegen eher psychischer als realer Natur. Wenn eine Ziege wirklich mal zustößt, tut es so oder so ziemlich weh!

Zum Pro und Contra Hörner wäre noch nachzutragen: Als wir 1987 an der ersten Auflage für dieses Buch arbeiteten, haben die meisten Zuchtverbände noch ausschließlich hornlose Ziegen der Weißen und Bunten Deutschen Edelziege für die Herdbuchzucht zugelassen, ein Zuchtziel, an dem jahrzehntelang festgehalten wurde, und das wir aus den bereits genannten Gründen auf das Schärfstes kritisiert haben. Inzwischen hat glücklicherweise ein Umdenken stattgefunden. Hornziegen sind nun auch in der Herdbuchzucht durchaus erwünscht, und inzwischen ist es allgemein anerkannt, dass horntragende Ziegen robuster sind als genetisch hornlose Ziegen. Wir freuen uns und danken allen, die sich vor Ort für dieses Umdenken eingesetzt haben.

Verhalten untereinander

Leben mehrere Ziegen zusammen, haben sie untereinander eine ziemlich strenge Rangordnung. Um die Stellung wird manchmal hart gekämpft. Das ist besonders zu beachten, wenn neue Tiere hinzukommen oder wenn die vorhandenen anders gruppiert werden. Am günstigsten ist es, neue Tiere auf der Weide zur Herde zu lassen, damit sie sich langsam und unter fairen Bedingungen aneinander gewöhnen und eingliedern können. Im Stall fehlen Ausweichmöglichkeiten, und das kann für das neue Tier schnell zur Hölle werden.

Die Chefin ist meist eine alte, erfahrene, kräftige Ziege. Wir haben es auch schon erlebt, dass im Stall eine andere Ziege das Sagen hatte als im Freien. Draußen war es eine jüngere, die gewohnt war, viel und weit zu laufen und besonders schnell leckere Futterpflanzen fand. Zwischen beiden gab es keine Rivalität, sie akzeptierten sich gegenseitig.

Steht die Rangordnung einmal fest, so wird jede Ziege energisch ihre Stellung behaupten, wenn es ums Fressen geht. Da werden die anderen durch hastige Kopfbewegungen zunächst auf Abstand gehalten, erst wenn das Interesse nachlässt, wird das Futter den anderen überlassen. Das müssen wir beim Einrichten unseres Stalles mit berücksichtigen, an Futtertrog und Raufe soll schließlich jedes Tier etwas abbekommen. Ansonsten zeigt sich die Rangordnung an der Distanz, welche die Ziegen untereinander halten. Die Rangunteren wahren diese respektvoll, kommen sie einer Rangoberen zu nahe, so hebt diese kurz drohend den Kopf oder bufft sie zurück. Ziegen haben mehrere Drohgebärden: das stolze Heben des Kopfes, gleichzusetzen mit dem Hörnerzeigen, das Nachhintenlegen der Ohren (da wird's langsam gefährlich) oder gar das Aufsteigen auf die Hinterbeine. Die Rangunteren reagieren auf eine Drohung fast immer mit Ausweichen.

Zum eigentlichen Kampf kommt es nur, wenn eine Ziege der Ranghöheren ihre Stellung streitig macht. Wie viel Ernst da jeweils dahinter steckt, lässt sich schwer sagen. Wir haben jedenfalls den Eindruck, dieses Herausfordern ist öfter ein sportliches Spiel als richtiger Streit. Und es ist herrlich, die Tiere dabei zu beobachten: wie sie sich tänzerisch auf die Hinterbeine stellen, um Schwung zu holen, wie sie niedergehen und Stirn an Stirn wie beim Armdrücken die Kräfte messen. Jeder Muskel, jede Sehne ist gespannt. Wie bei einem Wettkampf stehen andere Ziegen herum und schauen zu.

Die Hornlosen kämpfen etwas anders. Ihnen fehlt am Kopf der Halt, um ausgiebig Stirn an Stirn drücken zu können, sie rutschen schneller ab. Deswegen nehmen sie öfter Anlauf und »rennen sich gegenseitig die Schädel ein«. Sie kämpfen wie Schafe, nur dass ihre Bewegungen flinker sind, und sie neigen dazu, dem Gegner den Kopf in die Flanken zu schlagen oder ihn zu beißen.

Ziegen und Schafe haben übrigens eine äußerst dicke Schädelplatte, so dass ihnen der starke Aufprall ihrer Köpfe offensichtlich wenig anhaben kann. Manchmal gibt es Platzwunden oder Blutergüsse auf der Stirn, die wir wie Verletzungen behandeln. Um Gehirnerschütterung oder Schädelbruch brauchen wir uns bei ihnen nicht zu sorgen.

Aber so häufig sind diese Rangordnungskämpfe gar nicht. In der Regel steht die Ordnung fest, und die Ziegen leben damit, allzeit streitbar und trotzdem friedlich. Und so sollte auch der Alltag unserer kleinen Herde aussehen.

Herrscht dagegen ewig Unruhe, so müssen wir die Ursache herausfinden. Es gibt Tiere, die sich nicht miteinander vertragen. Das haben wir besonders bei gemeinsamer Haltung von hornlosen und gehörnten Ziegen, ein zu großes Rassendurcheinander kann ebenfalls Probleme geben. Wir haben beobachtet, dass bunte und weiße Edelziegen sich nicht gut miteinander vertragen haben, obwohl sie bis auf die Farbe von gleicher Statur sind. Ebenso können individuell zänkische Tiere Unruheherde sein.

Wir müssen die Tiere so lange umgruppieren, bis wir die günstigsten Zusammenstellungen gefunden haben und die Tiere, wenn nötig, nicht alle gemeinsam, sondern in Kleingruppen halten. Am besten ist ein Stall, der mehrere Räumlichkeiten hat und in dem die Ziegen trotzdem Blickkontakt behalten.

Die Haltung in Kleingruppen bedeutet für uns Mehrarbeit und es ist nicht gerade schön, einzelne Tiere, die sich nicht in die Gemeinschaft eingliedern können, vor den anderen wegzusperren oder gar in Einzelhaft nehmen zu müssen.

Wie kommt es nun, dass einzelne Tiere solche Querulanten sind, und wie können wir es weitgehend vermeiden, dass Lämmer zu solchen Biestern werden? Ziegen haben individuell verschiedene Temperamente und Charaktermerkmale, mit denen sie geboren werden. In ihrer Kindheit und Jugend werden die einen Merkmale gefördert, die anderen vernachlässigt.

Zunächst färbt das Verhalten des Muttertiers, später das der Stallgenossen ab. Das Lamm guckt sich die Verhaltensweisen der ihm in der Gemeinschaft nahestehenden Tiere ab und übernimmt sie. Also müssen wir darauf achten, die Lämmer spätestens nach dem Absetzen von ihrer Mutter möglichst mit Ziegen zusammen zu lassen, deren Verhaltensweisen wir für positiv halten. Auch sollte es bei den anderen schnell Anerkennung finden. Ein dauernd unterdrücktes Wesen kann sich seinen Artgenossen gegenüber nicht mehr »normal« verhalten. Es hängt von uns ab, in welche Schule wir unseren Nachwuchs schicken.

Unser eigenes Verhalten gegenüber den Tieren ist ebenso wichtig und prägend. Wir können ein Lamm schnell zum Stoßen erziehen, wenn wir mit ihm aus Spaß öfter »Kämpfen« spielen. Bösartigkeiten und Unarten lassen sich weitgehend vermeiden, wenn wir die Ziege von klein auf gut behandeln, aber nicht verwöhnen.

Es gibt durchaus auch so etwas wie schlechte Laune, Gereiztheit, Aufregung und Stresssituationen bei Ziegen. Diese Zustände können manchmal länger anhalten. Wir mussten schon miterleben, dass Muttertiere, die aus irgendeinem Grund nicht tragend waren, gegenüber tragenden Ziegen und später deren Lämmern nahezu unausstehlich wurden. Das legte sich erst bei ihrer nächsten Trächtigkeit.

Im Prinzip sind Ziegen gesellige Tiere, die trotz ihrer Hierarchie harmonisch miteinander leben. Sie sind Egoisten und dennoch selten Einzelgänger. Die erfahrene Leitziege zeigt den Weg zu guten Futterplätzen, wovon alle profitieren. In der Herde fühlen sie sich sicher. Eine einzeln gehaltene Ziege wird nach Ersatz suchen. Entweder wählt sie die Nähe des Menschen, sie freundet sich mit dem Hund an oder sucht die Gesellschaft von Rindern oder Schafen. Wir sollten ihr diese Möglichkeit lassen oder ihr besser Ziegengesellschaft beschaffen, damit sie glücklich ist.

Bockverhalten

Ziegenböcke will heute kaum noch jemand halten. Sie sind kräftig und haben besonders zur Deckzeit einen eigenen, strengen Geruch, der einem noch recht lange anhaftet, wenn man sie gestreichelt hat. Diesem Geruch kann man schwer ausweichen. Kurz vor der Hauptdeckzeit im Herbst machen die Böcke eine Wandlung durch, die wirklich unbeschreiblich ist. Hauptsächlich bei den weißen Böcken fällt es auf, wie aus dem prächtigen, sauberen Tier langsam aber sicher ein gelblicher, klebriger, stinkender Kerl wird, den man nicht mal mehr mit Handschuhen anfassen möchte. Die Wissenschaftler nennen Ziegenböcke Maulharner. Aber sie pinkeln sich nicht nur ins Maul, der Unterleib und vor allem der Bart färben sich als erstes ein. Nach und nach wird alles damit überzogen, womit sie in Berührung kommen. Der Bart wirkt wie ein großer Pinsel. Offensichtlich handelt es sich um einen Markierungsurin.

Mit ihrem Gestank wollen die Böcke wohl zeigen, wie unwiderstehlich sie sind. Gleichzeitig reiben sie ihre Köpfe an den Ziegen und kennzeichnen sie damit. Die Anwesenheit eines Bockes wirkt sich tatsächlich auf das Heißwerden der Ziege aus.

Viele Ziegenhalter schreckt dieser Geruch ab. Im täglichen Umgang gewöhnt man sich an ihn, man nimmt ihn nicht mehr so intensiv wahr. Erst wenn im vollen Bus der Platz neben einem leer bleibt oder im Supermarkt die Leute sich nach einem umdrehen, wird man wieder an die individuelle Duftmarke erinnert. Die Reaktionen zeigen, dass in unserer sterilen Zeit leider wenig Platz für Ziegenböcke ist.

Aber die meisten Ziegenböcke stinken nicht das ganze Jahr über so penetrant. Nach der Deckzeit verliert sich der Geruch langsam und sie werden sogar wieder etwas sauberer. Erst im Alter von zwei bis drei Jahren bleibt ein gewisser Grundgeruch. Die Intensität und der Charakter des Geruchs sind von Rasse zu Rasse und individuell verschieden.

Den Umgang mit dem Bock kann man durchaus so einrichten, dass man wenig Körperkontakt mit ihm hat. Beim Bau des Stalls kann man berücksichtigen, dass man während der Fütterung nicht unbedingt zu ihm herein muss. Man kann ihm beibringen, dass er den Weg auf die Weide allein geht und nicht geführt werden muss oder, dass er gut an der Leine läuft, falls er getüdert werden soll. Für intimere Arbeiten wie Hufeschneiden zieht man sich Arbeitskleidung an.

Auch abgesehen vom Geruch sind Ziegenböcke keine Streicheltiere. Wenn sie Liebkosungen von klein auf gewohnt sind, werden sie im Alter öfter mit dem Kopf nach uns stoßen, als Aufforderung, mit dem Kraulen fortzufahren. Bei ihrer Erziehung arbeiten wir möglichst wenig mit Leckerbissen als Belohnung, auch solche Gewohnheiten können später zum Stoßen animieren, wenn das Tier seine Belohnung weiterhin einfordert. Eine konsequent gute Erziehung ist für Bocklämmer sehr wichtig, damit die erwachsenen Tiere friedlich im Umgang sind.

Ziegenböcke sind nämlich stark und messen gern ihre Kräfte untereinander – und mit uns. Zur Deckzeit wollen sie sich als die stärksten hervortun. Also Vorsicht im Stall, den Bock nicht aus den Augen lassen! Seine Kampfeslust signalisiert er durch Zurücklegen der Ohren und leichtes Zurücklehnen des Kopfes – eine deutliche Herausforderung. Noch vor dem ersten Angriff pflege ich ihm eine derbe Lektion zu verpassen. Ein Eimer Wasser über den Kopf tut Wunder, dieser steht in der kritischen

Zeit vor der Tür. Falls der Bock Hörner hat, packt man ihn fest bei diesen und verdreht ihm in einem Blitzangriff den Kopf mit einem Horn zur Erde. In dieser Stellung kann man ihn eine Weile halten. Das Problem ist »bei den Hörnern gepackt«. Der Bock guckt hinterher erstaunt und in den nächsten Wochen hat man bestimmt Ruhe vor ihm. Aber bitte niemals Schläge! Die versteht er nicht, sie würden ihn höchstens wütend machen. Dieses Kräftemessen finden wir, wie gesagt, eigentlich nur zur Deckzeit. Den Rest des Jahres können wir recht gut mit ihm auskommen.

Wir selber halten unseren Bock getrennt von den Ziegen, weil die Kerle einfach zu aufdringlich sind. Der Ausdruck »geiler Bock« kommt zweifellos vom Ziegenbock. Stehen sie gemeinsam in einem Stall, belästigt er fortwährend die Ziegendamen – und auch uns während des Melkens. Die Stallruhe ist dahin, ein Ziegenbock ist mit wenigen Ziegen nicht ausgelastet.

Ein weiteres Argument, den Bock getrennt zu halten, ist die Tatsache, dass er mit seinem Geruch die Ziegen und den Stall markiert. Das beeinflusst auf die Dauer den Geschmack der Milch ungünstig. Milch ist sehr empfänglich für Gerüche.

Außerdem halten wir es für vorteilhaft, wenn wir den Decktermin steuern können und genau wissen, an welchen Tagen Lämmer zu erwarten sind.

Das idyllische Bild – der Bock gehört zur Herde – erweist sich in der Praxis als schwer durchführbar und ist auch falsch! Bei den Wildziegen finden sich die Böcke nur zur Paarungszeit ein, den Rest des Jahres bilden sie eine Herde für sich.

Die beste Lösung für die Bockhaltung scheint unserer Meinung nach zu sein, wenn er eine Extra-Box hat, die etwas erhöht ist und von der aus er seine Ziegenherde überblicken kann. Unser Bock wirkt dort sehr glücklich und zufrieden. Wird er im Stall dagegen so gehalten, dass er die Ziegen nicht sehen, sondern nur hören und riechen kann, meckert er viel und ruft ständig nach seiner Herde. Das ist für ihn (und für uns) eine Qual, woraus sich oft auch Bösartigkeiten entwickeln können.

Man kann Ziegenböcke – auch einzelne – sehr gut die Weidesaison über bei anderen Tieren mitlaufen lassen. So brauchen sie bei getrennter Haltung nicht alleine zu stehen, während die Ziegen draußen weiden dürfen. Sie vertragen sich bestens mit Pferden und Rindern, bedingt mit Schafen. Weibliche Schafe umwerben sie wie Ziegen, was Unruhe in die Herde bringen kann. Das Prüfen des Urins schätzen die Pferdehalter wiederum, denn Ziegenböcke zeigen ihnen sehr früh die Rossigkeit ih-

rer Stuten an. Als Futterkonkurrenten braucht man sie nicht zu fürchten, im Gegenteil, sie fressen Pflanzen, die andere Tiere verschmähen (z. B. blühende Brennnesseln und Disteln) und sind von daher gute Weidegenossen. Und wenn die nächsten Ziegen weit genug entfernt sind, bleiben sie bei ihrer Adoptivherde. Man kann also ruhig einen benachbarten Tierhalter einmal fragen, ob er den Bock als Weidegast für eine Zeit dulden will, er ist vielleicht gar nicht so abgeneigt.

Zur Geilheit der Böcke muss noch bemerkt werden, dass ein normaler Zaun für sie kein Hindernis ist, wenn eine brünstige Ziege in der Nähe ist. Auch umgekehrt ist es erstaunlich, welche Hindernisse eine Ziege überwinden kann, wenn sie zum Bock will. Wir dürfen das nicht unterschätzen. Es ist uns schon passiert, dass eine Ziege Lämmer bekam, die wir nicht gedeckt haben wollten und bei der wir auch nicht damit gerechnet hatten. Ziegen finden immer ihren Weg, Jungfernzeugung gibt es bei ihnen nicht.

Die Beziehung zum Menschen

Wie gesagt, haben Ziegen individuell sehr unterschiedlich ausgeprägte Verhaltensweisen. Im Wesentlichen werden diese durch Erziehung und Sozialisation festgelegt. Das Lamm lernt zunächst von der Mutter, dann von den Artgenossen und von uns Menschen. Es hängt also nicht nur von uns ab, was für eine Grundeinstellung die Ziege später zu Menschen hat.

Ein Lamm aus einem Stall mit eher scheuen Tieren wird trotz größter Mühe des Halters später immer scheu bleiben. Es sei denn, man zieht es mit der Flasche auf und stellt dadurch eine ganz andere Beziehung her.

Flaschenziegen haben sicher die engste Beziehung zum Menschen. Er ist für sie Mutterersatz und damit ist der Abstand zwischen beiden Gattungen überwunden. Allerdings kann dies später problematisch werden, weil die Ersatzmutter-Lammkind-Beziehung nie richtig abreißt. Durch die täglichen Arbeiten wie Füttern, Versorgen, Melken bleibt man für die Ziege in der Ersatzmutter-Rolle und wird weiterhin so stürmisch geliebt, dass einem – besonders bei Böcken – die Lust vergehen kann.

Ich mag diese enge Bindung von Ziegen an den Menschen nicht, weil ich an der Ziege ihre Selbständigkeit und Souveränität liebe. Es liegt im Wesentlichen an unserem Verhalten, wie stark wir die Ziege an uns binden. Auf alle Fälle bietet die Flaschenaufzucht die Möglichkeit der innigsten Bindung.

Selbstverständlich baut jede Ziege eine engere Beziehung zu dem Menschen auf, der sie betreut. Auch scheue Ziegen wissen schnell, wer sie füttert und überwinden ihre Scheu zunächst, wenn es ums Fressen geht. Diese Situation nutzen wir, um sie an unsere Hand zu gewöhnen, damit sie zutraulicher wird. Einer scheuen Ziege gegenüber sollten wir uns immer ruhig und liebevoll verhalten, mit hektischen, schnellen Bewegungen werden wir ihr Vertrauen nicht erlangen können.

Wenn sie sich erst an uns gewöhnt hat, genießt es jede Ziege, gestreichelt zu werden und zwar besonders an Körperstellen, die sie beim Kratzen selbst nicht erreicht (z. B. hinter den Hörnern). Dort kann man ruhig etwas derber streicheln, und wenn man die richtige Art und Stelle gefunden hat, wird sie genießerisch dabei die Augen schließen und sich uns entgegen lehnen.

Das Euter ist ein empfindliches Organ, das von Natur aus den eigenen Lämmern vorbehalten ist. Die Mutter vergewissert sich beim Trinken durch Schnuppern am Hinterteil des Lammes, ob es ihr eigenes ist. Hat sich ein fremdes angeschlichen, so schüttelt sie es ab und schiebt es weg. Es ist also ein großer Schritt, wenn die Ziege ans Melken gewöhnt wird. Statt der Lämmer dürfen wir Menschen ans Euter – ein großer Vertrauensbeweis.

Fast prinzipiell kann man sagen, dass eine Ziege spätestens mit dem Melkenlernen zutraulich wird, und je zutraulicher sie ist, desto ruhiger bleibt sie beim Melken stehen. Viele Tiere beschnuppern ihre Melker am Kopf oder unter den Armen ähnlich wie ihre Lämmer. Sie prägen sich den Geruch ihres Halters ein. Kommt jemand anderes sie melken, sind sie zunächst unruhiger, bis sie auch ihm Vertrauen schenken.

Eine normalerweise umgängliche Ziege von einem Freund, die bei uns in Pension war, verhielt sich abends beim Melken immer sehr unruhig. Sie trat und wollte nicht stehen bleiben, bis ich eines abends, vom Bier leicht angeheitert, in den Stall kam. Sie beschnupperte mich kurz und stellte sich daraufhin bereitwillig zum Melken hin. Ich verfolgte das weiter und musste feststellen, dass für sie abends die Bierfahne zum Melken dazugehörte. So kann die Ziege viel von ihrem Halter verraten.

Wird es wegen Reisen oder auch sonst gewünscht, dass die Ziege nicht nur auf den Halter fixiert ist, sich nicht nur von ihm problemlos melken lässt, muss sie an andere Menschen und deren Handgriffe gewöhnt werden. Wir lassen deshalb gerne Besuch in den Stall, der mit Ziegen vertraut ist oder melken lernen will. So haben wir die besten Voraussetzungen für Urlaubsvertretungen geschaffen und sind unabhängiger.

Eine Situation ist noch zu erwähnen, die das Verhalten der Ziege gegenüber dem Menschen entscheidend verändert. Des Öfteren müssen wir einer Jungziege bei der ersten Geburt helfen. Sie sind meist noch nicht voll ausgewachsen, die Geburtswege sind eng und die Lämmer im Verhältnis zum Muttertier recht groß. Diese Geburt kann schwer sein und für die Ziege zur Qual werden, auch weil sie in dieser Beziehung noch unerfahren ist. Wenn wir den Eindruck haben, es geht nicht mehr voran und die Zeit drängt, greifen wir ein und helfen. Fortan genießen wir das Vertrauen der Ziege. Wir haben sie von einer Qual befreit und ihr zum Lamm verholfen. Es ist wirklich erstaunlich wie dankbar die Ziege dafür sein kann. Diese Geburtshilfe sollten wir aber nur leisten, wenn es wirklich nötig ist! Ansonsten würden wir das Tier eher stören und das Gegenteil bewirken.

Der Umgang mit Ziegen

Aus dem bisher Gesagten geht eigentlich schon viel über den Umgang mit Ziegen hervor. Zusammenfassend soll hier noch einmal hervorgehoben werden: Wer Ziegen hält, soll von sich aus ein positives Verhältnis zu ihnen haben. Wer nur auf den Nutzen schielt, dem werden sie bald lästig, der sollte lieber die Finger davon lassen. Wer launisch ist, sollte sich selbst gewissenhaft überprüfen, ob er der Ziege dieses konstante, positive Grundgefühl gegenüber aufbringen kann. Kein Tier darf dazu dienen, die eigenen Launen abzureagieren. Ziegen beantworten dieses falsche Verhalten ganz sicher irgendwann mit Bösartigkeit.

Das Verhalten des Halters ist entscheidend für das Verhalten der Ziege. Hektische und nervöse Menschen werden sehr häufig ebensolche Tiere im Stall haben. Andersherum können Ziegen einen dazu bringen, eigene Verhaltensweisen zu erkennen und zu korrigieren, ja sich sogar zu verändern, wenn einem bewusst wird, wie stark man das Verhalten der Ziege beeinflusst. Der tägliche Umgang mit ihr kann sehr entspannend sein. Wenn wir ihr Verhalten beobachten, so beobachten wir ein Stück von uns selbst. Die Ziege als Therapeut? In gewisser Weise wird sie es, wenn wir ihr Bestes wollen und uns bemühen, ihr ein artgerechtes Leben zu ermöglichen.

Eine gute Beobachtung der Ziegen ist wichtig, um ihre Bedürfnisse kennen zu lernen und ihr Verhalten zu verstehen. Der beste Ziegenhalter ist bestimmt einer, der wie eine Ziege »denken« kann. Er weiß sofort, was ihr fehlt und kann richtig darauf reagieren.

Wir treten Ziegen immer ruhig gegenüber und vermeiden alles, was ihre Schreckhaftigkeit fördert. Auch wenn wir in Eile sind, keine Hektik beim Betreten des Stalles oder beim Füttern! Ziegen haben meistens Namen und es wirkt auf sie beruhigend, wenn wir sie damit ansprechen.

Bestimmte Wörter oder Laute prägen sie sich ein. Wenn wir sie herbeirufen wollen, können wir sie also an ein bestimmtes Lautsignal gewöhnen. Eine einzelne Ziege wird man bei ihrem Namen rufen, mehrere kann man mit einem lauten »Ziege, Ziiege, Ziiiege« oder »komm, komm, komm« oder auch mit Händeklatschen herbeirufen. Das ist ganz nützlich, wenn man abends am Tor der Weide steht und die Ziegen hereinholen will.

Rund um die Fütterungszeiten sind sie dank ihrer inneren Uhr aufmerksamer, da genügt schon das Quietschen einer Tür oder das Deckelklappen der Futterkiste als akustisches Signal für die Einleitung der Fütterung.

Häufig heißt es, dass **Füttern und Melken zu festen Zeiten** durchzuführen sind und zwar möglichst im Zwölf-Stunden-Rhythmus. Damit kommt man schnell in Konflikte. Was ist, wenn man mal morgens länger ausschlafen will oder abends bei einem Besuch sitzt? Füttern und Melken nach pedantisch festgelegte Zeiten schränken die eigene Freiheit ein. Das muss aber nicht sein. Die einzige Zeit, in der der Melkrhythmus möglichst genau zwölf Stunden betragen soll, ist nach dem Absetzen der Lämmer, also wenn die Ziege sehr viel Milch hat und das Euter richtig prall ist. Eventuell muss man zu dieser Zeit sogar noch häufiger abmelken. Sowie man den Eindruck hat, der Hauptmilchschwall lässt nach, kann man versuchen, einen Melkzeitpunkt langsam hinauszuzögern. Dabei muss man natürlich kritisch darauf achten, dass das Euter während des längeren Intervalls nicht zu prall wird, es kann sonst zu einer Euterentzündung führen!

Bei aufmerksamer Beobachtung bekommt man ein Gefühl dafür, wie weit man die Melkzeitpunkte auseinander legen kann, ohne dass die Ziege das volle Euter drückt oder die Milchmenge nachlässt. Man wird zeitlich unabhängiger und freier!

Wie lange man die Zeit nun hinausschieben kann, lässt sich nicht allgemein benennen. Bei Hochleistungsziegen ist das sicherlich schwieriger. In dem gewonnenen Zeitraum kann man mit dem Melken variabel bleiben, d. h. man muss nicht jeden Tag zur gleichen Uhrzeit in den Stall. Die Ziege gewöhnt sich an die Unregelmäßigkeit.

Ebenso kann man den **Zeitpunkt der Fütterung** variabel halten. Außer unserer größeren Unabhängigkeit erreichen wir damit, dass die Ziege uns bei verspäteter Fütterung nicht – ihrer inneren Uhr gehorchend – laut meckernd erwartet. Dieses fordernde Meckern kann sehr unangenehm sein, besonders wenn sich Nachbarn darüber beschweren. Allerdings muss bei Stallfütterung ständig genug Heu oder Futterstroh in der Raufe sowie Wasser zur Verfügung stehen, damit sie nicht vor Hunger meckert. Ziegen fressen normalerweise sowieso nicht in zwei großen Portionen am Tag. Sie können sich zwar daran gewöhnen, es entspricht aber nicht ihrem natürlichen Fressverhalten. Wenn sie Gelegenheit dazu haben, fressen sie häufig am Tag in kleinen Portionen und diese Möglichkeit können wir ihnen bieten, wenn die Raufe nie ganz leer ist. Die Kraftfuttergaben morgens und abends geben wir nie auf die Minute genau, sondern möglichst zu verschiedenen Zeiten, wie es uns gerade genehm ist. Die Ziege schaltet ihre innere Uhr weitgehend ab. Sie erwartet uns nur, wenn es mal besonders spät geworden ist, und dann lange nicht so fordernd wie bei festen Fütterungszeiten.

Auch **Leckerbissen** sollte man nicht zu festen Zeiten geben, sie würden diese besonders intensiv fordern. Man kann Ziegen schnell damit verwöhnen, deshalb sollten Leckereien überlegt und entweder in Ausnahmesituationen quasi als Belohnung, oder als Teil der Kraftfuttermahlzeit gegeben werden. Kleine Leckereien wie hartes Brot, eine Mohrrübe oder ein Apfel sind sehr gut als Anreiz geeignet, wenn die Ziege etwas lernen soll, wie sich auf einen bestimmten Platz zum Melken zu stellen. Wenn sie abends von der Wiese in den Stall soll und sie weiß, dass sie dort ihre Kraftfuttergabe erwartet, läuft sie den kürzesten Weg alleine und im Eiltempo ohne verlockende Abstecher in Nachbars Garten.

Wenn wir von Belohnung reden, taucht natürlich auch die Frage nach **Bestrafung** auf. Es lässt sich leider nicht vermeiden, dass wir einer Ziege auch mal etwas verbieten müssen. Schläge, Prügel und Tritte sind als Strafe völlig ungeeignet. Die Ziege ist ja derbe Stöße durch Rangordnungsrangeleien gewohnt und würde die Strafe nicht verstehen, sondern dem Halter gegenüber distanzierter und scheuer werden – und das ist sicher nicht beabsichtigt. Unbeherrschte Menschen werden an Ziegen wenig Freude haben können.

Ziegen, die stoßen wollen, gebe ich allenfalls mal einen Klaps mit der Hand auf die Nase oder packe sie bei den Hörnern und verdrehe ihnen den Kopf. Ein Klaps auf die Ohrenspitze wehrt allzu aufdringliche Tiere ab. Nase und Ohren sind sehr empfindlich, also bitte nicht zu derb. An den Ohren ziehen sollte man auf keinen Fall, das kann zu inneren Verletzungen führen. Ansonsten gibt es wenig wirkungsvolle Strafmaßnahmen. Man sollte eher den Lebensraum so gestalten, dass man ohne Strafen auskommt. Damit die Ziegen wissen, worauf wir Wert legen, ist ein konsequentes Verhalten notwendig.

Spätestens vor dem ersten Decken wird der Ziege ein **Halsband** angelegt. Es darf nicht zu schmal sein, sonst schnürt es ein, wenn sie zieht. Eine dickere Schnur ist ungeeignet. Ideal sind Lederhalsbänder für Hunde. Es gibt sie in verschiedenen Breiten und Längen. Sie haben meist noch eine extra Öse eingearbeitet, an der man die Leine festmachen kann. Das ist recht praktisch, wenn wir die Ziege beim Melken anbinden oder auf der Wiese tüdern. Je breiter das Halsband ist, umso besser. Diese Hundehalsbänder sind sehr stabil und halten etliche Jahre. Ein ausgedienter, nicht zu mürber Gürtel auf die richtige Länge zugeschnitten und gelocht, tut's auch. Die Länge des Halsbandes wird so gewählt, dass es nicht zu eng sitzt und die Ziege beim Fressen oder Wiederkäuen behindert. Bei hornlosen Ziegen darf es auch mit Gewalt nicht über die Ohren zu ziehen gehen. Bei Jungziegen denken wir daran, dass das Halsband nachzustellen geht, sie wachsen noch.

Böcke brauchen besonders breite und stabile Halsbänder, auch hier ist Leder am besten geeignet. Oft wird ihnen ein Stück Kette als Band umgelegt, was aber nicht schön ist. Eine Kette ist recht schwer, durch die Reibung am Hals gehen dort die Haare aus und die Haut färbt sich vom Metall dunkel ein. Außerdem können die Glieder einer Kette blutige Verletzungen hervorrufen, wenn der Bock richtig zieht.

Legt man einer Ziege zum ersten Mal ein Halsband an, wird sie damit gar nicht zufrieden sein. Der fremde Druck am Hals ist ihr unangenehm, besonders wenn man sie gleich daran führen will. Sie braucht schon ein paar Tage zur Gewöhnung.

In der Regel trägt die Ziege ihr Halsband ständig. Ausnahme: Man nimmt es ab, wenn sich Gelegenheit bietet, in dichtem Gestrüpp zu weiden, damit sie sich dort nicht erhängen kann.

Eine einzelne Ziege kann man am besten mit einem Strick **auf die Wiese führen**. Der Ziegenstrick ist ein etwas stärkeres Seil von vielleicht zwei Metern Länge. An den Enden ist jeweils ein Knoten, damit sie sich nicht aufribbeln und nicht aus der Hand rutschen können. Diesen Strick fädelt man durch das Halsband und hält beide Enden in der Hand. Auf der Wiese wird nur ein Ende losgelassen, und die Ziege ist frei. Das funktioniert besser als das Prinzip der Hundeleine, besonders bei Böcken und Ziegen, die stark ziehen.

Den Strick darf man niemals um das Handgelenk wickeln! Sollte die Ziege plötzlich losrennen, würden wir hilflos hinterhergeschleift. Ein Ende vom Strick müssen wir stets loslassen können, wenn sie nicht mehr zu halten ist.

Nicht jede Ziege läuft so am Strick, wie wir es erwarten. Die eine strebt so stark zur Wiese, dass wir sie ans Alleinlaufen gewöhnen sollten. Eine andere bewegt sich nicht von der Stelle, wenn wir vor ihr stehen, da müssen wir den Strick so verlängern, dass wir hinter ihr gehen können. Oder sie stemmt sich so dagegen, dass wir nicht vorwärts kommen. Da läuft sie schon eher mit, wenn wir sie am Horn fassen – allerdings widerwillig. Will sie absolut nicht von der Stelle, ist Schieben besser als Ziehen. Bei einem scheuen Tier nimmt man ein sehr langes Seil, damit es in drei bis vier Metern Abstand vor einem her gehen kann.

Irgendeine Lösung für das Am-Strick-Laufen lässt sich durch Beobachten und Ausprobieren auch für schwierige Ziegen finden. In der Regel geht es einfacher, als man sich jetzt vorstellen wird. Wenn Ziegen von klein auf behutsam an den Strick gewöhnt werden, laufen sie später wie ein braver Hund an der Leine mit. Behutsam heißt, alles vermeiden, was ihr Angst macht. Mit unserer Susi konnten wir kleinere Spaziergänge machen, was sie sehr genossen hat, weil am Wegrand oft leckere Pflanzen wachsen. Wir konnten dirigieren, worüber sie sich hermachen darf oder nicht.

Hat die Ziege Lämmer, führen wir nur das Muttertier. Die Lämmer bleiben auf dem Weg zur Weide dicht bei ihr. Mehrere Ziegen wird man nur einzeln mit dem Strick auf die Wiese führen, wenn sie dort getüdert werden sollen. Ansonsten wird man sie gemeinsam **treiben**. Wenn sie ihre Wiese kennen, ist das kein Problem. Selbst nach der Winterpause werden sie auf Anhieb den richtigen Weg wissen. Schon zwei Ziegen lassen sich besser treiben als eine allein. Die einzelne fühlt sich gescheucht und rennt eigenbrötlerisch irgendwo hin. Bei zweien läuft die« gescheuchte« immer zur anderen und dadurch wird die Richtung erst dirigierbar. Richtig scheuchen darf man sie allerdings nie, weil das ihr Zutrauen zu uns stören würde.

Zum Ziegentreiben muss man gut zu Fuß sein, sie können recht schnell und ausdauernd laufen. Und nicht jeder Weg ist dafür geeignet. An Gärten, niedrigen Zäunen und Stellen, wo sie nicht fressen sollen, treibt man sie zügig vorbei, damit sie keine Zeit haben, auf dumme Gedanken zu kommen. An Straßen ist allergrößte Vorsicht geboten! Ziegen reagieren schreckhaft auf Autos und springen dann schnell über Zäune oder rennen in die falsche Richtung, ganz abgesehen von der Unfallgefahr. Trotz einer Haftpflichtversicherung für die Tiere und Einhaltung der Straßenverkehrsordnung würde ich davon abraten an Straßen entlang zu treiben. Deshalb sollte man darauf achten, dass der Weg zur Weide nicht zu schwierig ist, wenn man Wiesen zupachtet. Auch fremde Hunde, die plötzlich aus einer Hofeinfahrt herausgeschossen kommen, können die Tiere in Panik versetzen. Am günstigsten ist es zweifellos, wenn der Weg zur Wiese kurz ist, keine Schrecken für die Ziegen birgt und unterwegs kein Schaden angerichtet werden kann. Bei entfernten Wiesen sollte man einen Unterstand bauen, damit man die Ziegen nicht jeden Abend in den Stall bringen muss.

Sind die Ziegen das Treiben nicht gewohnt oder kennen sie den Weg noch nicht, so nimmt man am besten zwei Helfer mit, die ebenfalls schnell laufen können. Einer geht hinterher, die beiden anderen decken jeweils die Seiten ab und überholen, wenn abgebogen werden soll. Eigentlich ist es einfach, wenn man umsichtig mitdenkt und schnell reagiert, ohne Panik zu verursachen. Wichtig ist, vor allem die Leitziege in die gewünschte Richtung zu dirigieren. Sind die Ziegen den Weg zwei- bis dreimal gelaufen, kennen sie ihn und gehen von allein in die richtige Richtung.

Unsere Ziegen haben jeweils eine **Glocke** am Halsband. So finden wir sie wesentlich schneller wieder, wenn sie einmal ausgerissen sind. Nachbarn sind ebenfalls gewarnt, wenn sie sich ihren Gärten nähern. Ein alter Mann sagte mir einmal: »Wenn du einer Ziege Freiheiten gibst, häng ihr eine Glocke um. Es ist ihr bester Talisman.« Diesen Rat kann ich nur weitergeben. Ich bevorzuge stets Glocken mit einem dunklen Klang. Die kleinen, hoch und hell klingenden könnten der Ziege auf die Nerven gehen, nach meiner Beobachtung sind ihr hohe und schrille Frequenzen sichtbar unangenehm. Auf tiefe, dunkelklingende Glocken habe ich keine negativen Reaktionen festgestellt.

Geeignete Glocken zu kaufen, ist heutzutage leider gar nicht so einfach. Manchmal hat man auf dem Flohmarkt Glück. In Geschenkartikelläden und Asienshops werden häufig Glockenstränge angeboten. Hier muss man wegen des Klanges die größeren auswählen und eventuell den Klöppel mit einem stärkeren Draht befestigen, damit er bei Dauergebrauch nicht verloren geht.

Zum **Transport** von mehreren Ziegen braucht man einen geschlossenen Hänger oder einen Lieferwagen/Kleinbus. Zur Not geht es auch mit einem PKW-Kombi, sofern der Innenraum eine ausreichende Höhe hat. Der Boden darf nicht zu rutschig sein, im Innenraum sollen keine Verletzungsgefahren lauern. Während des Transports dürfen die Tiere nicht angebunden sein. Gut geeignet sind Pferdeanhänger oder kleine Viehhänger, die ein Dach haben. Beide haben eine Rampe, über die man die Tiere bequem hineintreiben kann. Lockfutter im Hänger vereinfacht die Sache.

Bei anderen Fahrzeugen führt man als erstes die Leitziege hinein. Weigert sie sich, dann fasst man sie um den Brustkorb und hebt zunächst die Vorderbeine hinein. Wird sie nun am Gesäß geschoben, zieht sie die Hinterbeine von alleine nach. Wenn die anderen Ziegen in der Zwischenzeit nicht zu verschreckt sind, werden sie ihrer Chefin einigermaßen mühelos folgen. Gut aufpassen muss man allerdings, dass die erste Ziege nicht wieder heraushüpft, bevor die anderen drinnen sind, am besten bindet man die Leitziege bis zur Abfahrt an.

Eine einzelne Ziege kann man gut auch im PKW transportieren. Entweder wird der Beifahrersitz ausgebaut und eine zweite Person hält sie von der Rückbank aus, oder die Sitzfläche der Rückbank wird herausgenommen und die Ziege vom Beifahrersitz aus gehalten. Zuunterst legt man einen alten Plastiksack, darauf irgendwelche saugfähigen Materialien wie alte Säcke, Lumpen, Stroh oder Heu. Ihr Hauptgeschäft wird die Ziege vor Aufregung schon vorher gemacht haben. Mit einer guten Unterlage gibt es keine nennenswerte Verschmutzung im Wagen. Einen Bock würde ich wegen seines Geruchs allerdings nur im Hänger transportieren.

Spätestens wenn der Motor läuft, verhält sich die Ziege ruhig, selbst Lämmer springen nicht mehr herum. Es gibt eigentlich kein Argument dafür, dass eine Ziege, wie es so häufig getan wird, zum Transport mit gebundenen Beinen in den Kofferraum gequetscht wird. Das muss für das Tier zum Alptraum werden. Wer seine Ziege solchen Torturen aussetzt, braucht sich nicht zu wundern, wenn sie zickig ist.

Der Transport von einem ausgewachsenen Bock kann allerdings mehr Schwierigkeiten bereiten als der von Ziegen. Wenn die Befürchtung besteht, dass er während der Fahrt randaliert, müssen ihm vorher leider doch die Beine gebunden werden. Dazu legt man ihn auf die Seite und bindet mit einem nicht zu dünnen Strick beide Hinterbeine und ein Vorderbein kurz über der Fersenklaue so zusammen, dass sie direkt übereinander liegen und möglichst wenig Zwischenraum entsteht. Der Strick muss fest um jedes Bein gelegt werden und zwar so, dass er sich bei ruckartigen Bewegungen der Beine nicht fester ziehen oder lösen kann. Mit ein wenig Geschick wird das problemlos gelingen. Wenn man dem Bock beim Binden der Beine den Kopf herunterdrückt, dass er ihn nicht heben kann, dann bleibt er ruhiger liegen. Der Strick darf nicht so dünn sein, dass er einschnürt, das kann zu Verletzungen der Sehnen führen. Vorsicht beim Hantieren an den Hufen: wenn der Bock strampelt, muss man schnell außer Reichweite sein! Man kann auch alle vier Beine in dieser Art binden, aber bei nur dreien kommt er sich nicht ganz so hilflos vor und kann seine Körperlage noch ein wenig korrigieren. Auch ein Bock gehört nicht in den Kofferraum, schon allein wegen seiner Größe. Das geeigneteste Gefährt ist der geschlossene Hänger.

Lämmer oder Jungziegen wird man beim Umstallen oder Verkaufen sinnvoller Weise eher **tragen** als am Halsband führen, es sei denn, sie sind dies bereits gewohnt. Zum Tragen umfasst man mit beiden Armen von außen Gesäß und Bug. Die Beine hängen zwischen unseren Armen herunter. In dieser Stellung hat man sie sicher im Griff und das Lamm bleibt ruhig. Vorsicht aber bei kleinen Hörnern, sie sind dicht in der Nähe der eigenen Augen!

Mit diesem Griff hebt man die Tiere auch zum **Wiegen**. Man stellt sich mit ihnen auf dem Arm auf eine Personenwaage, wiegt anschließend sich selbst und zieht dann das eigene Körpergewicht vom Gesamtgewicht ab.

Eine **ausgerissene Ziege** einzufangen, ist nicht immer einfach, weil sie im Freien einen gewissen Fluchtabstand zum Menschen behält, auch zu dem, der sie betreut. Es hat wenig Sinn, ihr hinterher rennen zu wollen, sie ist schneller und wir würden sie dadurch nicht gerade zutraulicher machen. Man könnte sie sanft in eine Enge treiben, um sie dort zu greifen, aber meistens endet auch dies in einer hektischen Jagd. Ein Stück Brot als Lockmittel führt zwar zum Ziel, doch werden wir sie kaum für ihren Ausbruch belohnen wollen. Am besten treibt man sie langsam zurück in ihren Stall oder Unterstand, den Weg kennt sie. Dort können wir sie greifen, um sie wieder auf ihre Wiese zu führen.

Ist die entlaufene Ziege nicht mehr in der Nähe, so müssen wir unseren Ziegenverstand walten lassen und überlegen, welche Richtung für sie attraktiv sein könnte. Das hängt je nach Jahreszeit davon ab, wo gerade nährstoffreiche, d. h. frisch im Wuchs befindliche und von ihr begehrte Pflanzen wachsen. Ist Strauchwerk in der Nähe, wird es sie mit großer Wahrscheinlichkeit in diese Richtung ziehen. Trockenen Untergrund zieht sie nassem, sumpfigem Boden stets vor. Manche Ziegen laufen bei ihren Ausflügen sehr weit.

Wer noch keine Erfahrung mit Ziegen hat, wird zunächst erstaunt sein, welche scheinbar unmöglichen Hindernisse seine Ziege überwinden kann und wo sie überall Durchschlupf findet. Ich bin heute noch immer wieder fasziniert von ihrer Findigkeit und ihrem Geschick. Wie schon erwähnt, ist eine Glocke eine sehr große Hilfe bei der Suche. Und selbst wenn sie sich schon sehr weit entfernt hat, lässt sie sich ganz einfach zurücktreiben, sie kennt ihren gerade entdeckten Weg und läuft langsam vor uns her zurück.

Abschließend soll noch einmal darauf hingewiesen werden, dass für den Umgang mit Ziegen wie bei allen anderen Tieren auch ein **konsequentes Verhalten** des Halters grundsätzlich wichtig ist. Ziegen sind hochintelligente Tier und merken sich sofort, wenn wir bei einigen Sachen ihnen gegenüber nachgiebig sind. Wenn sie es können, werden sie diese Vorteile für sich so oft es geht ausnutzen. Das wird spätestens dann unangenehm, wenn sie dabei fordernd werden. Sie meckern penetrant und können sogar auffordernd stoßen, wenn sie etwas verlangen, was ihnen hin und wieder erlaubt wurde. Man sollte also stets die Freiheiten abstecken, die man den Ziegen lässt und sich konsequent daran halten. Je größer diese Freiheiten natürlich sind, desto glücklicher werden die Ziegen sein.

Die bekanntesten Ziegenrassen

Vorbemerkung

Wenn im Folgenden von den gängigen Ziegenrassen die Rede sein soll, werde ich erst einmal nachdenklich. Zu viele Menschen messen den Wert einer Ziege allein an ihrer Reinrassigkeit und an der Einhaltung bestimmter Zuchtziele. Manche vertreten sogar fast fanatisch die Vorteile einer Rasse gegen andere und würden niemals Ziegen verschiedener Rassen miteinander kreuzen. Mich erinnert das sehr schnell an ein finsteres Kapitel deutscher Geschichte. Ein bisschen mehr Offenheit wäre in manchen Züchterkreisen wünschenswert.

Es gibt keine Ziegenrasse, die alle unsere Erwartungen erfüllt. Die Unterschiede der Rassen in Mitteleuropa sind eigentlich relativ gering, besonders was die Milchleistung angeht. Hauptunterscheidungsmerkmale liegen in der Farbe, geringere Unterschiede gibt es in Größe, Gewicht und Haarkleid. Der Charakter der Ziege wird nicht durch ihre Rasse bedingt. Die Milchleistung hängt bis zu 50 Prozent von Fütterung, Haltung und Umgang ab.

Auch Ziegen nicht näher definierter Rassen, die sogenannten Landrassen, und Mischlinge können hervorragende Leistungen bringen und unsere Erwartungen voll erfüllen. Sie sind dazu noch in vielem robuster als auf Hochleistung gezüchtete Rassetiere und deshalb besonders für den Anfänger geeignet.

Bei der Auswahl einer Ziege sollten wir jetzt nicht versuchen, aus den aufgeführten Rassen die optimale herauszusuchen. Die gibt es nicht. Vielmehr sollten wir sehen, welche Arten in unserer Gegend gehalten und angeboten werden. Dies wird regional sehr verschieden sein. Man kann davon ausgehen, dass die in einer Gegend gehaltenen Ziegen den besonderen Bedingungen, wie sie beispielsweise im Bergland oder an der Küste herrschen, jeweils angepasst sind, und dass sie dort am besten gedeihen. Exotische Rassen würden in unserem Klima nicht zurechtkommen. In der Aufzählung beschränke ich mich deshalb auf die bekanntesten Ziegenrassen der deutschsprachigen Länder.

Die »edle« Abstammung ist keine Garantie für eine »Ideal«-Ziege. Bei der Auswahl müssen wir zunächst individuell unsere Erwartungen formulieren und die Lebensbedingungen abschätzen, die wir der Ziege bieten können. Nach diesen Kriterien können wir ein passendes Tier aussuchen. Auch innerhalb einer Rasse gibt es ein breit gefächertes Spektrum,

Ziegen sind Individuen. Wenn wir eher darauf achten, werden wir bestimmt eine finden, mit der wir zufrieden sind.

Die in der Aufzählung genannten Vergleichszahlen sind nur grobe Annäherungswerte und dienen der Verdeutlichung der Unterschiede der einzelnen Rassen. Die messbaren Leistungswerte hängen, wie schon gesagt, bis zu 50 Prozent von der Fütterung, Haltung und Betreuung ab.

Die Abstammung unserer Hausziegen

Von den Zoologen werden fünf Wildziegenarten benannt: der Steinbock *(Capra ibex* und *Capra pyrenaica)*, Tur *(Capra causasia)*, Bezoar *(Capra hircus)* und Markhor *(Capra falconeri)*. Der Bezoar und möglicherweise der Markhor gelten als Stammväter unserer Hausziegen. Nur noch wenige dieser Tiere leben heute in den Gebirgen zwischen dem Himalaya und Kleinasien, bis hin zu den griechischen Inseln. Ein Hauptunterscheidungsmerkmal der Wildziegenarten ist die verschiedene Form ihrer Hörner.

Zoologisch gesehen bilden Ziegen und Schafe zusammen einen Stamm: die Familie der Boviden. Dennoch ist es nicht möglich, dass beide Arten gemeinsam Nachkommen haben, denn die Chromosomenzahl beträgt beim Schaf $2n = 54$, bei der Ziege dagegen 60. Es gibt zwar einige Berichte über solche Mischlinge, in denen Ziegen von Schafböcken mit Erfolg gedeckt wurden. Wahrscheinlich liegt hier aber falsche Beobachtung oder Bestimmung der Arten zugrunde. Es gibt Ziegenrassen, die Schafen sehr ähnlich sind und umgekehrt. In der Praxis wird es uns nicht gelingen, Ziegen und Schafe zu kreuzen.

Von den eigentlichen Wildziegen müssen wir die verwilderten Hausziegen und ihre Nachkommen unterscheiden, die wir heute in weiten Teilen der Welt finden. Sie stammen von entlaufenen und ausgesetzten Hausziegen ab oder wurden während der Entdeckerzeit auf scheinbar unbewohnten Inseln abgesetzt, um später einmal jagdbare Tiere dort zu haben. So leben sie heute in Schottland, Irland, Skandinavien und auf einigen Inseln im Mittelmeer und der Ozeane, in Australien sowie Neuseeland. Teilweise sind es auch wieder Kreuzungen mit den echten Wildziegen, da sie untereinander fruchtbar sind.

Ziegen sind die ersten Wiederkäuer, die domestiziert wurden. Funde belegen, dass bereits im 8. – 7. Jahrtausend v. Chr. im Gebiet des heutigen Irak, Iran, Anatolien und Palästina Hausziegen gehalten wurden. Im 6. – 2. Jahrtausend v. Chr. breiteten sie sich dann über Asien, Afrika und Europa aus. Vermutlich sind sie bereits als Hausziegen auf unseren Kontinent gekommen, da es bei uns als Wildziegenart nur den Steinbock gibt, der nicht als Stammvater gilt. Das Interesse galt dem Fleisch, der Haut, den Haaren und auch der Milch. In Mitteleuropa ist die Hausziege seit der Jungsteinzeit bekannt.

Die heutigen Hausziegenrassen sind in ihrer Erscheinung recht jung. Die deutschen Edelziegen wurden beispielsweise erst um das Jahr 1900 herausgezüchtet, seit 1927 werden die einheitlichen Bezeichnungen »Weiße Deutsche Edelziege« und »Bunte Deutsche Edelziege« geführt. Zuvor gab es viele verschiedene Landrassen ohne festes Zuchtprogramm.

Die Bunte Deutsche Edelziege

Die Bunte Deutsche Edelziege ist aus verschiedenen bunten Landschlägen herausgezüchtet worden, ohne nennenswerte Einwirkung besonderer Rassen. In Deutschland sind heute über zwei Drittel der gehaltenen Ziegen bunte, ihre Hauptverbreitungsgebiete sind Baden-Württemberg, Bayern und Österreich. In Hessen und Niedersachsen sind sie genauso häufig anzutreffen wie die Weiße Deutsche Edelziege.

Das Hauptcharakteristikum ist ihre Farbe. Man kann drei verschiedene Richtungen unterscheiden, die aber nicht immer einfach auseinander zu halten sind.

1. Die rehfarbenen Ziegen dunkler Zuchtrichtung sind als **Frankenziege** bekannt. Die Grundfarbe wird mit rotbraun bezeichnet und variiert von braungrau über rehbraun bis schwarzgrau. Der Kopf trägt schwarze Streifen in verschiedenen Variationen, auf dem Rückgrat verläuft ein schwarzer sogenannter Aalstrich. Der Bauch ist schwarz, die Beine schwarz gestiefelt.

2. Die rehfarbenen Ziegen in der hellen Zuchtrichtung werden auch **Schwarzwaldziege** und **Harzziege** genannt. Die Grundfarbe und der Aalstrich sind die gleichen wie bei der dunklen Zuchtrichtung. Der Bauch dagegen ist hell, die Beine sind an der Vorderseite schwarz geschient und nicht gestiefelt.

3. Die Toggenburger Variante (**Thüringer Waldziege**) stellt eigentlich eine eigene Rasse dar, wird aber unter dem Begriff der bunten Edelziege mitgeführt. Sie wurde früher **Toggenburger Ziege** genannt und stammt von dieser Schweizer Rasse ab. Ihre Farbe ist hell bis schokoladenbraun, kann aber auch ins mausgrau tendieren, Sie hat eine scharf abgesetzte Gesichtsmaske, die Ohren und die Schwanzpartie sind weiß.

Weiße und Bunte Deutsche Edelziege	
Gewicht:	
Ziegen	55 – 75 kg
Böcke	70 – 100 kg
Widerristhöhe:	
Ziegen	70 – 80 cm
Böcke	80 – 90 cm
Milchmenge im Jahr:	850 – 1000 kg
Fettgehalt der Milch:	3,2 % – 3,5 %
Eiweißgehalt der Milch:	2,8 % – 3,0 %

Gab es vor ein paar Jahren noch Unterschiede in den Zuchtzielen der Weißen und der Bunten Deutschen Edelziege, so hat man deren Werte inzwischen angeglichen und ist, besonders was die zu erwartende Milchmenge anbelangt, von den ehemals hochgesteckten Zielen zu einem Normalmaß zurückgekehrt. Eine Entscheidung weg von der Hochleistung zu mehr Robustheit, was sehr begrüßenswert ist.

Ein Aalstrich fehlt. Der Bauch kann dunkel oder hell sein, die Unterbeine sind weiß oder hell geschient.

Leider deckt diese Rasse heute kaum 5 Prozent des deutschen Ziegenbestandes. Dabei gilt sie als besonders gutartig, genügsam und als dankbarer Futterverwerter. In Körperbau und Milchleistung steht sie den anderen Edelziegen kaum nach. Wir sollten dieser Rasse durchaus mehr Beachtung schenken, die offiziellen Zuchtprogramme haben sie bereits fast verdrängt.

Allgemein muss zu den Bunten noch gesagt werden, dass sie kurze, glatte Haare haben und mit oder ohne Horn gezüchtet werden. Die Toggenburger Variante kann einen Saum aus helleren, längeren Haaren über der Wirbelsäule und an der Hinterkante der Keule tragen.

Die Weiße Deutsche Edelziege

Sie wurde um das Jahr 1900 durch Einkreuzung der Schweizer Saanenziege herausgezüchtet. Sie macht heute ein knappes Drittel des Ziegenbestandes Deutschland aus und wird vorwiegend in Norddeutschland, Nordrhein-Westfalen und Nordbaden gezüchtet. Aber auch in Österreich wird sie neben der Saanenziege gehalten.

Ihre Farbe ist reinweiß, sie kann jedoch an Hals und Rücken eine leichte rötlich-gelbe Färbung haben. An Nase, Lippen, Ohren und Euter findet man häufig kleine, dunkle Pigmentflecken. Ihr Haarkleid ist kurz. Sie kann heute mit Hörnern oder ohne Hörner gezüchtet werden.

Die Landrassen

So werden meist Ziegen bezeichnet, die dem Erscheinungsbild der Edelziegen nicht eindeutig zuzuordnen sind. Häufig sind es Mischlinge, die farblich wunderbar gescheckt sein können. Aber auch gehörnte Edelziegen werden mitunter so bezeichnet, wenn das Zuchtziel des zuständigen Ziegenzuchtverbandes hornlos vorschreibt.

Bei den Landrassen gibt es durchaus Ziegen, die den Edelziegen in nichts nachstehen. Allgemein gelten sie sogar als robuster. Wenn man keinen Wert auf Herdbuchzucht legt, wird man bei den Landrassen äußerst zufriedenstellende Tiere finden können. Bei der Weiterzucht muss man auf Überraschungen gefasst sein, die aber keine Nachteile mit sich bringen müssen. Wir haben jedenfalls jahrelang auch Ziegen der sogenannten Landrassen gehalten und waren mit unseren Zuchtergebnissen stets sehr zufrieden. Häufig werden sie preiswerter angeboten als Edelziegen. Wie bei allen Rassen muss man auch bei ihnen beim Ankauf auf gut ausgeprägte Merkmale achten (siehe Abbildung S. 53).

Die Schweizer Ziegenrassen

Die bedeutendsten Milchziegenrassen, die auf der ganzen Erde verbreitet sind, stammen von Schweizer Rassen ab. Ihr Einfluss ist so groß, dass die wichtigsten hier kurz skizziert werden sollen.

Die **Saanenziege** ist recht groß, reinweiß, kurzhaarig und überwiegend hornlos. Sie erfordert gute Haltung und beste Fütterung, da sie zu den Hochleistungsmilchziegen gehört. Ihre Weiterzüchtungen in milderen Klimagebieten sollen unglaubliche Milchmengen hervorbringen.

Die **Appenzeller Ziege** ist etwas kleiner als die Saanen, dafür aber untersetzter. Sie ist ebenfalls weiß, hat jedoch mittellange bis lange Haare.

Die **Gemsfarbige Gebirgsziege** kann leicht mit der Deutschen Bunten Edelziege verwechselt werden, nur der Aalstrich ist etwas dünner. Die

	Gewicht	Widerristhöhe	durchschnittliche Milchmenge im Jahr
Saanenziege			
Ziegen	bis 70 kg	75 – 90 cm	700 – 900 kg
Böcke	bis 100 kg	95 – 115 cm	
Appenzeller Ziege			
Ziegen	55 kg	75 cm	750 kg
Böcke	75 kg	85 cm	
Toggenburger Ziege			
Ziegen	50 – 65 kg	65 – 75 cm	700 – 800 kg
Böcke	65 – 75 kg	75 – 85 cm	
Bündener Strahlenziege			
Ziegen	45 – 50 kg	70 – 80 cm	450 – 500 kg
Böcke	65 kg	75 – 85 cm	
Schwarze (Nera) Verzascaziege			
Ziegen	60 kg	80 cm	550 kg
Böcke	80 kg	90 cm	
Walliser Schwarzhalsziege			
Ziegen	45 – 60 kg	70 – 80 cm	500 kg
Böcke	65 – 90 kg	75 – 85 cm	
Gemsfarbige Gebirgsziege			
Ziegen	55 kg	75 cm	750 kg
Böcke	75 kg	85 cm	

Die angegebenen Werte richten sich nach den Zuchtzielen in der Schweiz und sind heute höher gesteckt, als sie es vor ein paar Jahren noch waren.

Grundfarbe ist rehbraun bis kastanienbraun, im Gesicht eine schwarze Zeichnung, Bauch- und Unterfüße sind schwarz. Es gibt zwei Typen: Der *Oberhasli Brienzer* ist hornlos und hat im Schnitt eine etwas höhere Milchleistung als der *Graubündener Schlag*, der gehörnt ist und als sehr robust gilt.

Die **Toggenburger Ziege** wurde bereits als Toggenburger Variante der Bunten Deutschen Edelziege beschrieben. Die Schweizer Stammrasse kann sowohl kurz- als auch langhaarig sein. Ihre Grundfarbe ist öfter heller und mitunter grauer als die deutsche Variante. Wegen ihrer Vielseitigkeit ist sie eine beliebte Exportziege, die in England, Kanada und den USA zu erstaunlich leistungsfreudigen Tieren geführt hat.

Die **Bündener Strahlenziege** ist eine robuste Hochgebirgsziege, die vorwiegend in Herden gehalten wird. Ihre Farbe ist schwarz mit weißen Lippen und Ohrrändern, wie die Toggenburger unter dem Schwanz weiß abgesetzt und hat weiße Unterfüße. Über den Augen trägt sie weiße Strahlen. Sie wird gehörnt gezüchtet.

Die **schwarze (nera) Verzascaziege** ist die robusteste Art der Schweizer Rassen. Sie kommt hauptsächlich in der Südschweiz vor und hat ein schwarzes, kurzes und kräftiges Haarkleid. Sie ist ebenfalls gehörnt.

Die **Walliser Schwarzhalsziege** wird nur noch sehr selten gehalten und deswegen bereits in Zoologischen Gärten zur Schau gestellt. Sie ist leider vom Aussterben bedroht. Dabei bringt sie als Robustziege erstaunliche Leistungen! Sie wird selten gemolken, aber ihre Milchmenge kann sich sehen lassen (siehe Tabelle S. 43). Vorwiegend wird sie als Fleischziege gehalten, weil die Lämmer sehr schnell dick und fett werden. Sie ist gehörnt und langhaarig, ihr Vorderteil schwarz, die hintere Hälfte farblich scharf abgetrennt weiß.

Sonstige Ziegenrassen

Als **Fleischziegen** werden solche bezeichnet, die im Körperbau untersetzter sind und außerdem so wenig Milch haben, dass sich das Melken nicht lohnt. Es können besonders fleischbetonte Tiere der eigentlichen Milchrassen sein, es gibt aber auch ausgesprochene Fleischrassen, die in Deutschland bisher wenig Bedeutung haben. Prinzipiell sind Fleischziegen sehr widerstandsfähig und können entsprechend robust gehalten werden. Vom wirtschaftlichen Nutzen her sind sie im Vergleich zu anderen Tieren nicht besonders attraktiv, eine Milchziegenhaltung ist wesentlich rentabler. Allerdings könnte man sich überlegen, Fleischziegen zu halten, wenn man ein Stück verbuschtes Land zur Verfügung hat, auf Milch keinen Wert legt und wenig Arbeitseinsatz leisten will. Fleischziegen können auf verwildertem und verbuschtem Land besser gehalten werden als Schafe. Auch zur Landschaftspflege könnten sie sinnvoll eingesetzt werden.

In Deutschland gibt es als eigentliche Fleischrasse nur einige wenige Tiere der südafrikanischen **Burenziege**. Sie kommt normalerweise in verschiedensten Farben vor, das Zuchtziel schreibt jedoch für den Körper weiß vor, am Kopf ist hellbraun bis rotbraun zulässig. Die Burenziege ist ein wahrer Fleischberg. Die Beine wirken relativ kurz, der Fleischansatz ist deutlich sichtbar. Die Böcke wiegen im Durchschnitt um 90 Kilo, die Ziegen um 70 Kilo. Sie haben große Schlappohren, einen kurzen, gedrungenen Kopf und kräftige Widderhörner. Im Verhalten sind sie schwerfällig, klettern und springen wenig, sind anspruchslos im Futter, aber fressgierig. Die Milchleistung ist äußerst gering, die Inhaltsstoffe dafür hochkonzentriert. Ihre Lämmer wachsen nicht schneller als die anderer Ziegen. Eine Ausnahme stellt in dieser Beziehung nur die **Walliser**

Schwarzhalsziege dar, die als Fleischziege viel Milch und frohwüchsige Lämmer bringt.

Für die Nutzung von verbuschtem Grünland bieten sich noch die **Zwergziegen** an. Sie werden oft aus Liebhaberei gehalten, sind aber für die Selbstversorgung uninteressant, da sie keine Milch liefern und ihr Fleisch für nicht viel mehr als einen einzigen Sonntagsbraten langt. Es gibt sie in allen Formen und Farben. Sie sollten wie die großen Ziegen proportioniert sein. Die hobbymäßig gehaltenen Zwergziegen sind eigenständige Rassen.

Erwähnenswert sind noch zwei **Wollziegenarten**, obwohl sie bei uns nicht gehalten werden können. Sie brauchen ein bestimmtes Klima, damit ihre Wolle die bekannten Qualitäten erlangt.

Die **Angoraziegen** leben in der Türkei, in den USA und im südafrikanischen Raum. Sie sind reinweiß, gehörnt und haben herabhängende Ohren. Ihr Haar ist lockig und erreicht eine Länge von bis zu 30 Zentimeter. Pro Tier gibt es bei einer Schur 2,5 – 5 Kilo beste Wolle, die uns als Mohair bekannt ist.

Zu den **Kaschmirziegen** zählen etwa 20 verschiedene Ziegenrassen, die sehr unterschiedlich in Form, Größe und Farbe sind. Sie leben auf den Hochebenen Chinas, Tibets, Nordindiens und der Mongolei in 3600 – 4000 Metern Höhe. Ihr Unterhaar wird einmal im Jahr ausgekämmt, pro Tier ergibt das im Durchschnitt nur 90 – 120 Gramm Wolle. Deshalb ist Kaschmir so teuer. Es ist die feinste im Handel erhältliche Wolle, die einzelnen Fasern sind kaum mit bloßem Auge zu erkennen.

Darüber hinaus gibt es noch unzählige weitere Ziegenrassen auf der Erde. Besonders in der 3. Welt spielt die Ziege eine wichtige Rolle als Milch- und Fleischlieferant, weil sie noch dort existieren kann, wo andere Nutztiere keine Lebenschance mehr haben.

Gefährdete Rassen

Obwohl in Deutschland wieder weitaus mehr Ziegen gehalten werden, als es noch vor 20 Jahren üblich war, gibt es trotzdem einige Rassen, deren Bestand so weit zurückgegangen ist, dass sie als gefährdet gelten. Dazu gehören: Thüringer Wald Ziege, Erzgebirgsziege, Appenzeller Ziege, Bündener Strahlenziege, Schwarze Verzascaziege, Walliser Schwarzhalsziege und die Pfauenziege. Hier bietet sich ein wichtiges Betätigungsfeld besonders für Hobbyzüchter und allen, die zum Erhalt selten gewordener Rassen beitragen wollen.

Aufbau der Ziegenhaltung

Erste Überlegungen

Wer mit dem Gedanken spielt Ziegen zu halten, muss unbedingt vorher mit sich abklären, ob er bereit ist, auch die manchmal unangenehmen oder lästigen Seiten dieser Partnerschaft mit in Kauf zu nehmen. Man muss sich daran gewöhnen können, tagaus-tagein morgens und abends die Tiere zu versorgen. Das ist nicht immer einfach, besonders wenn man viel unterwegs ist oder häufiger Reisen machen will. Milchtiere schränken einen stärker ein, als man zunächst wahrhaben will. Sie geben unserem Tagesablauf einen Rhythmus, zu dem wir bereit sein müssen. Auf Urlaub braucht man deswegen nicht zu verzichten, man kann sich rechtzeitig um eine Vertretung kümmern oder die Ziegen einem befreundeten Ziegenhalter in Pension geben, von dem wir wissen, dass er ebenso gesunde Tiere hat, wie wir selber. Das macht er bestimmt gerne, wenn wir auch einmal seine Tiere versorgen.

Der Arbeitsaufwand für eine Ziegenhaltung hängt davon ab, wie die äußeren Bedingungen (Stall, Wiese usw.) beschaffen sind und wie gut wir die Arbeitsabläufe organisieren können. Ziegenhaltung ist mit Arbeit verbunden, aber der Aufwand kann relativ klein gehalten werden.

Mit Enttäuschungen, Fehlschlägen und Überraschungen muss man auch bei der Ziegenhaltung rechnen, doch soll dieses Buch dabei helfen, sie möglichst gering zu halten. Im entscheidenden Fall (z. B. bei Krankheit) muss man mit der Ziege durch dick und dünn gehen. Sie ist kein moderner Konsumartikel, den man bei Nichtgefallen umtauscht, vernachlässigt oder auf den Müll wirft.

Aber die Ziegenhaltung bringt natürlich auch positive Seiten mit sich und die werden bestimmt überwiegen. Die Freuden an und mit dem Tier wird jeder selbst entdecken. Ich habe bewusst die negativen Aspekte hervorgehoben, damit die Entscheidung für eine Haltung wirklich gründlich bedacht wird und sowohl Halter als auch Ziegen miteinander glücklich werden können.

Wenn der prinzipielle Entschluss für Ziegen gefasst ist, müssen zunächst noch einige Fragen geklärt werden:

Wie viele Ziegen sind für mich vorteilhaft?

Ich rate jedem Anfänger, möglichst klein anzufangen. Es gibt genug Beispiele dafür, wie Leute sich Hals über Kopf in die Tierhaltung zur Selbstversorgung hineingestürzt haben und alles reichlich und perfekt haben wollten. Nach kurzer Zeit wuchs es ihnen über den Kopf und das Vorhaben wurde wieder aufgelöst. Wir wollen ja Freude an den Tieren haben und nicht durch Schaden, sondern durch Beobachtung und Übung klug werden. Also müssen wir langsam in die Ziegenhaltung hineinwachsen. Deshalb reicht es für den Anfang, möglichst wenige Tiere zu kaufen. Auch wenn ein verlockendes Angebot besteht, mehrere Ziegen auf einmal zu übernehmen, sollten wir der Versuchung widerstehen und vielleicht nur zwei Ziegen auswählen. Eine Ziege gibt täglich so viel Milch (ca. 3 Liter), dass der Bedarf eines Haushalts mit zwei Erwachsenen und Kindern damit gedeckt werden kann. Meist ist noch so viel Milch übrig, dass es nebenbei für Quark, Joghurt oder etwas Käse reicht. Mit zunehmender Trächtigkeit lässt der Milchstrom nach, und etwa 6 Wochen vor dem Ablammen sollte die Ziege trockenstehen. Nach der Geburt trinken die Lämmer mindestens 6, meist jedoch 10 – 12 Wochen die Milch. Das heißt: Eine Ziege liefert uns über einen Zeitraum von gut 8 Monaten Milch, knapp 4 Monate entsteht eine Lücke. Diese kann man nun nutzen, um eine verdiente Winterpause einzulegen, was die Käseküche betrifft. Oder man überbrückt diese milchlose Zeit mit einer zweiten Ziege, die wir zu einem anderen Termin decken lassen. So haben wir das ganze Jahr über Milch. Wenn beide Ziegen gleichzeitig Milch geben, werden wir in die Käseproduktion einsteigen müssen, weil wir die Mengen sonst kaum verbrauchen können.

Eine Ziege allein zu halten ist nicht ideal. Sie wird Geselligkeit suchen und sie zur Not auch bei anderen Tieren (Pferd, Pony, Schaf …) finden. Glücklicher ist sie aber in Gesellschaft mit anderen Ziegen. Bei zwei oder mehr Ziegen sollte man sehen, dass entweder alle Hörner tragen oder dass alle hornlos sind.

Egal wie viele Ziegen gehalten werden, wir geraten leider in die lästigen Mühlen der Bürokratie. Dennoch bitte keine Furcht, auch das ist machbar. Beim zuständigen Veterinäramt meldet man auf einem Formblatt die Anzahl der gehaltenen Tiere, die Nutzungsart und die Standorte von Weiden und Ställen. Daraufhin erhält man eine Registriernummer, mit der man bei der Behörde wiederum Ohrmarken für die Tiere bestellen kann, mit denen sie dauerhaft markiert werden müssen. Ziegen müssen zwei Markierungen mit identischen Nummern tragen. Näheres zu den

Vorschriften im Kapitel »Bestimmungen zur Kennzeichnung von Ziegen und Schafen« auf S. 152. Viele Ziegenhalter schreckt es ab, derart erfasst und verwaltet zu werden. Ich wünschte auch, all das könnte uns erspart bleiben. Dennoch will ich für Verständnis werben: Wir leben in Zeiten hoher Mobilität. Auch Tiere werden transportiert, sie werden von einer Region in eine andere verkauft, ja sogar Ländergrenzen halten die Transporte nicht auf. Und damit man beispielsweise beim Ausbruch von Maul- und Klauenseuche schnell zurückverfolgen kann, wo ein infiziertes Tier herkommt, wird solch eine Kennzeichnung notwendig. Wenn wir von den Ohrmarken wieder wegkommen wollen, müssen wir uns dafür einsetzten, dass die Transporte lebender Tiere auf ein Minimum reduziert werden, dass Subventionen für den Transport lebender Tiere gestrichen werden, dass der Viehhandel auf das Notwendigste beschränkt wird und nicht zur bloßen Profitmaximierung dient, dass Tiere ihr Leben möglichst auf einem Hof genießen können und nicht jede Lebensphase in einem anderen Teil Deutschlands oder gar Europas erleben müssen.

Wer daran denkt, aus der Ziegenhaltung ein kleines Gewerbe mit Milch- und Käseproduktion zu machen, wird mit einer größeren Anzahl Tiere einsteigen müssen, damit es sich rechnet. Denn es werden Investitionen notwendig, um geeignete Räumlichkeiten zu haben, die dem Milchgesetz gerecht werden. Auch fallen häufige Untersuchungen an, um die Gesundheit von Tier und Milch zu garantieren (siehe dazu auch Abschnitt »Milchhygiene« auf S. 110).

Welche Ziege ist für mich geeignet?

Wer noch nicht melken kann, sollte auf keinen Fall eine Ziege in voller Milch kaufen. Das geht schief, wenn man abends im Stall sitzt und nur mühsam einen Tropfen nach dem anderen herausquält. Melken ist nicht schwierig, aber man lernt es durch Übung, besonders das »Leermelken« ist ein Erfahrungswert.

Für den Anfang ist es am besten, wenn man eine Ziege mit nur wenige Wochen alten Lämmern erhält, die früher schon gemolken wurde. So kann man langsam die Handgriffe am Euter erlernen, ohne es leer melken zu müssen. Die Lämmer werden uns eh nicht viel Milch übrig lassen. Es ist die am wenigsten riskante Art, das Melken zu lernen. Allerdings steht man dann bald vor dem Problem: Wohin mit den Lämmern, wenn sie abgesetzt werden sollen? Extra halten, verkaufen oder schlachten? Eine Lösung dafür werden wir finden.

Auch wenn man bereits melken kann, würde ich am Anfang nicht nach Superziegen Ausschau halten, die überschäumende Milchkrüge versprechen lassen. Zur Haltung von Hochleistungstieren gehört Erfahrung. Am besten ist eine Ziege mit durchschnittlicher Leistung, sie verkraftet kleine Fehler leichter.

Das Alter der Ziege ist zu beachten. Nach der ersten Lammung darf nicht viel Milch erwartet werden. Die Leistung steigert sich nach der zweiten Geburt und erreicht ihren Höhepunkt nach der dritten. Der nun erreichte Standard hält sich einige Jahre, um im Alter wieder langsam nachzulassen. Ziegen haben eine Lebenserwartung von 15 und mehr Jahren, und es gibt Beispiele, dass sie bis in dieses Alter hinein jedes Jahr Lämmer bekommen haben und gemolken wurden. Ich würde trotzdem empfehlen, eine relativ junge Ziege zu kaufen. Bis zum 4. Lebensjahr lässt sich das Alter noch anhand der Zähne bestimmen, wozu allerdings Erfahrung gehört (siehe S. 55). Wenn sie älter sind, wird die Bestimmung schwieriger, wir sind hauptsächlich auf die Angaben des Besitzers angewiesen, der Kauf wird einmal mehr zur Vertrauenssache.

Abraten will ich davon, eine Ziegenhaltung mit dem Kauf von Lämmern zu beginnen. Sie müssen meist erst an den Menschen gewöhnt werden und sind noch springlebendig in ihrem Wesen. Eine Ziege, die schon einmal gemolken wurde, ist wesentlich ruhiger und umgänglicher.

Wo erhalte ich geeignete Ziegen?

In den letzten Jahren ist es schwierig geworden, gute Ziegen über eine Annonce zu kaufen. Meist gehen sie privat unter der Hand weg. Deshalb sollte man versuchen, mit Ziegenhaltern der Gegend bekannt zu werden. So bekommt man auch am besten den bewussten Blick für Ziegen, kann vergleichen, Wiesen und Ställe begutachten und erhält am ehesten Tipps, wo gerade Tiere verkauft werden.

Eine Bedingung verknüpfe ich heute mit dem Kauf von Ziegen: Sie müssen aus einem »CAE-unverdächtigen Bestand« kommen. CAE ist eine schleichende Viruserkrankung, die auch in Europa zu einem Problem geworden ist, erkrankte Tiere leiden, geben wenig Milch, und wir haben keine Freude mit ihnen (zur Krankheit CAE ausführlicher auf S. 145). Doch inzwischen gibt es glücklicherweise viele Ziegenhalter die sich freiwillig dem CAE-Sanierungsprogramm angeschlossen haben und über dieses Programm den Status »CAE-unverdächtiger Bestand« erlangt haben. Ich kaufe nur noch Tiere aus solchen Beständen und sehe weiterhin, dass sie nur noch mit Tieren aus solchen Beständen in Kontakt kommen. Ebenso lasse ich meine Ziegen weiterhin regelmäßig untersuchen, um den Status CAE-unverdächtig zu behalten.

Auf Auktionen und Tierschauen werden mitunter auch Ziegen angeboten. In Betracht der CAE-Krankheit stellen solche Veranstaltungen ein Risiko dar. Ziegen sind dort recht teuer und uns fehlt der Einblick, wie diese Tiere gehalten wurden. Dieser Einblick ist vorteilhaft, er gibt uns Auskunft über das zu erwartende Verhalten der Ziege. Auf reinem Papierweg vermittelte Tiere würde ich nicht kaufen, ein persönlicher Eindruck sollte Grundbedingung sein. Ziegenkauf bleibt Vertrauenssache, doch sollten wir nicht ausschließlich auf Vertrauen angewiesen sein. Schon mancher wurde beim Viehhandel übers Ohr gehauen!

Die Beurteilung einer Ziege

Um sich ein möglichst umfassendes Bild von einer Ziege zu machen, begutachtet man sie einige Zeit im Freien auf ihrer Weide, wo sie sich frei bewegen kann. Auf folgende Fragen zu ihrem **Verhalten** sollten wir unser Augenmerk richten: Ist sie scheu oder zutraulich? Wie groß ist der Fluchtabstand, den sie einhält? Wie verhält sie sich den anderen Ziegen gegenüber? Ist sie lebhaft oder träge? Will sie klettern oder über Zäune springen? Frisst sie anhaltend und lange oder nascht sie nur hier und dort ein wenig? (Das hängt natürlich von ihrem momentanen Sättigungsgrad ab.) Kümmert sie sich um ihre Lämmer?

Erwünscht ist sicher Zutraulichkeit und Friedfertigkeit. Einen mehr oder weniger großen Abstand wird sie im Freien gegenüber fremden Personen immer einhalten. Ihr Zutrauen müssen wir erst gewinnen. Die Lebendigkeit gibt Auskunft über Gesundheitszustand und Alter.

Eine gut in Milch stehende Ziege ist gesetzter in ihren Bewegungen ohne dabei phlegmatisch zu wirken. Tiere, die viel klettern und springen, setzen einen hohen und stabilen Zaun voraus und können die Haltung erschweren. Eine gute Fresserin, die nicht so wählerisch im Futter ist, werden wir leichter satt kriegen. Auf der anderen Seite ist eine Ziege, die Pflanzen und deren Zustand auswählt, weniger anfällig für Krankheiten, sie weiß mit den Heilkräutern der Natur umzugehen. Optimal ist eine Ziege, die auswählt und trotzdem gerne und stetig frisst.

Neben dem Verhalten müssen wir den **Körperbau** der Ziege kritisch betrachten. Die beiden Zeichnungen sollen helfen, Unterschiede und Nachteile zu zeigen. In der Idealform werden wir kaum eine Ziege finden, der eine oder andere »Mangel« wird zumindest andeutungsweise zu erkennen sein.

Wichtig sind: ein gerader, fester, breiter Rücken, eine kräftige, breite Lende, ein langes, breites, flach geneigtes Becken. Diese Merkmale zeugen von einem kräftigen Knochenbau und sind gute Voraussetzungen für leichte Schwangerschaften und Geburten. Ein breites Becken und entsprechend weit auseinanderstehende Hinterbeine bieten genügend Platz für den Ansatz eines großen Euters. Es ist normal, dass die Vorderbeine enger zusammen stehen als die Hinterbeine. Auf die Neigung der Klauen ist zu achten – durchtrittige Tiere sind beim Laufen behindert, besonders während der Trächtigkeit. Allgemein sollte eine Ziege kräftig wirken, sie darf aber keineswegs fett sein.

Wer noch nicht viele Ziegen gesehen hat, dem wird es sicher schwerfallen, die Körpermerkmale auf Anhieb richtig zu deuten. Ebenso werden wir beim Feststellen des Gesundheitszustands zunächst unsicher sein. Den Blick dafür gewinnen wir erst durch die Praxis, aber vielleicht findet sich ein befreundeter Ziegenhalter, der uns bei der Begutachtung und Auswahl hilft und berät.

Dem Euter werden wir bei der Beurteilung einer Milchziege eine wichtige Bedeutung beimessen. Eine große Milchleistung setzt ein großes Euter voraus. Es sollte breit und großflächig aufgehängt und möglichst gleichmäßig entwickelt sein. Ein schiefes Euter ist nur selten erbbedingt, sondern entsteht dadurch, dass die Ziege nur ein Lamm hatte, welches einseitig getrunken hat. Außerdem liegen die Tiere beim Ruhen gerne auf einer Lieblingsseite, was auch zu einer ungleichen Euterentwicklung führen kann.

Die Form des Euters wird vor allem durch die Zitzen bestimmt. Im Idealfall sind sie bequem mit der Hand zu fassen: 4 – 6 Zentimeter lang und gute 2 Zentimeter im Durchmesser. Sie sollten deutlich vom Euter abgesetzt und leicht nach vorn geneigt sein, so dass sie die Ziege beim Laufen nicht stören.

Häufig sind die Zitzen weniger vom Euter abgesetzt, im Extremfall geht die Zitze ohne Absatz in das Euter über. Hier spricht man von einem Flascheneuter. Auch diese Tiere können befriedigende Milchergebnisse liefern, sie können allerdings wegen des Strichumfangs schwerer melkbar sein. Für eine Weiterzucht auf Milchleistung ist ein Flascheneuter ungeeignet.

Darauf achten sollten wir außerdem, dass das Euter nicht zu tief hängt (übermäßige Verletzungsgefahr) und die Ziege beim Laufen behindert. Ich habe schon Ziegen gesehen, deren Euter zwar schön groß war, aber beinahe auf dem Boden schliff. Beim Laufen baumelte es hin und her

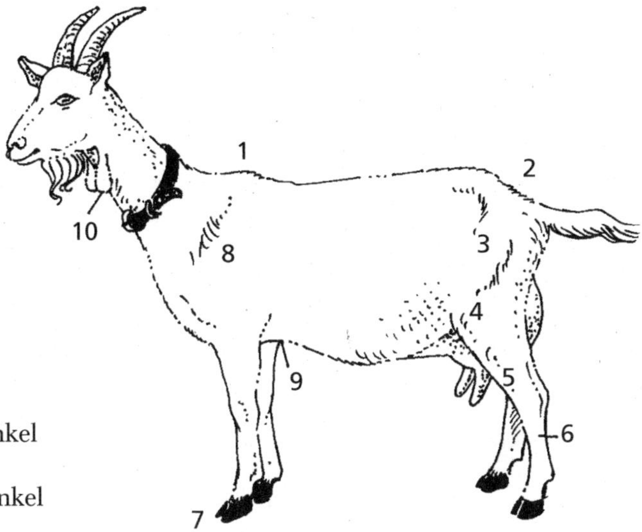

Ideal-Ziege
1 Widerrist
2 Kruppe
3 Oberschenkel
4 Knie
5 Unterschenkel
6 Mittelfuß
7 Klaue
8 Schulter
9 Brustbein

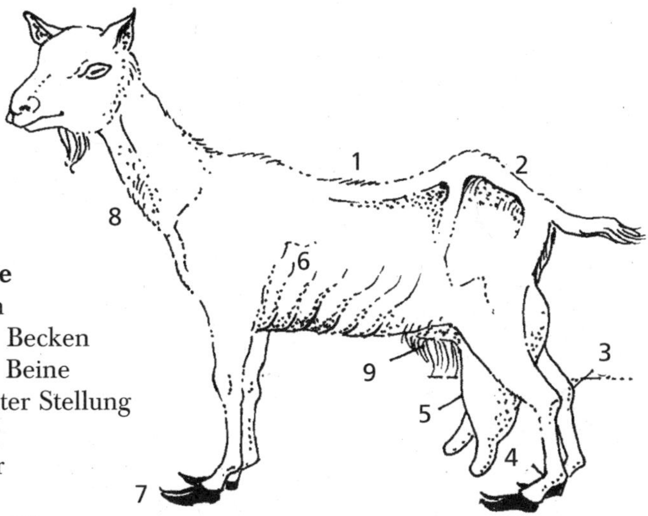

Mängel-Ziege
1 Senkrücken
2 abfallendes Becken
3 sehr dünne Beine
mit schlechter Stellung
4 durchtrittig
5 Hängeeuter
6 flachrippig
7 ungepflegte Klauen
8 schmale, flache Brust
9 behaartes Euter = Hose

und jedes Mal, wenn es gegen die Hinterbeine schlug, verlor es einen kräftigen Strahl Milch. Von solchen Tieren sollten wir lieber die Finger lassen. Die optimale Form ist ein sogenanntes Kugeleuter mit deutlich abgesetzten Strichen.

Das Eutervolumen ist für den Anfänger schwer einzuschätzen, weil es zum einen vom Laktationsstadium abhängt und zum anderen davon, wann zum letzten Mal gemolken wurde. Ein pralles Euter ist erstaunlich viel größer und fasst sich fester an als ein frisch ausgemolkenes.

Der **Gesundheitszustand** der Ziege muss, so weit dies möglich ist, überprüft werden. Der Anfang der Ziegenhaltung bringt genug Probleme mit sich, so dass wir zusätzliche Belastungen für das Tier und uns vermeiden sollten. Einen Allgemeineindruck gewinnen wir, wie gesagt, durch Beobachtung des Verhaltens. Nun wollen wir uns das im Detail anschauen. Ist das Haarkleid geschlossen und glänzend oder ist es stumpf und weist kahle Stellen auf? Haarlinge und Läuse sind mit bloßem Auge erkennbar, kahle Stellen können auf Milben hinweisen. Die Augen sehen klar, wach und gesund, nicht gelblich oder rotunterlaufen aus. Husten kann ein Zeichen für Lungenwürmer sein. Der Kot sollte eine normale Konsistenz aufweisen. Lebt die Ziege in einem CAE-unverdächtigen Bestand?

Auf keinen Fall kaufen wir eine hochtragende Ziege, egal wie verlockend das Angebot ist. Die Umgewöhnung bringt so viel Aufregung für das Tier, dass mit Geburtskomplikationen, Fehl- oder Totgeburt zu rechnen ist. Lieber gedulden wir uns noch etwas und holen die Ziege samt Lämmern nach der Lammung in ihre neue Umgebung.

Als Letztes stellen wir noch eine Überlegung zur **Körpergröße** an. Die durchschnittlichen Größen und Körpergewichte können den Tabellen Seite 41 und 43 entnommen werden. Ziegen wachsen noch bis zu einem Alter von fünf Jahren, allerdings wird man ab dem dritten Lebensjahr keine sichtbare Veränderung mehr feststellen. Die bedeutendste Wachstumsperiode liegt in der Zeit bis zum Beginn der ersten Trächtigkeit, der erste Decktermin will also gut bedacht sein. Eine früh gedeckte Ziege bleibt in der Regel kleiner als eine spät gedeckte der gleichen Rasse. Die Körpergröße hängt aber auch von Erbanlagen sowie Haltung und Fütterung ab.

Nun stellt sich beim Kauf einer Ziege sicher die Frage: Soll ich eine für ihr Alter kleine oder möglichst große Ziege wählen? Größere Ziegen können mehr Futter aufnehmen, ihre Organe und das Euter sind größer ausgelegt. Deshalb haben sie bessere Voraussetzungen für höhere Milchleistungen. Andererseits brauchen sie mehr Futter, auch in Zeiten, in denen sie trockenstehen. Wenn wir also wenig Weidemöglichkeiten haben und die meisten Futtermittel kaufen müssen, sollten wir uns darüber im klaren sein, dass eine überdurchschnittlich große Ziege im Unterhalt teurer ist.

Kleine Ziegen haben dagegen schlechtere Voraussetzungen für eine hohe Milchleistung. Da sie niedriger sind, ist das Melken ohne Melkstand unbequem, die Zitzen können für große Hände schwer melkbar sein. Zusätzlich muss damit gerechnet werden, dass die Geburten schwerer verlaufen, weil die Knochen enger zueinander stehen und die Geburtswege sich nicht so weiten können.

Eine in ihrer Größe durchschnittliche Ziege ist sicherlich am vorteilhaftesten, ich persönlich tendiere eher zu den etwas Größeren als zu den Kleinen.

Die Altersbestimmung

Die zuverlässigste Methode, das Alter einer Ziege zu bestimmen, ist der Blick ins Maul auf das Gebiss. Wie alle Wiederkäuer hat sie nur im Unterkiefer Schneidezähne, dafür aber acht Stück. Sie beißt nicht ab, wie wir Menschen, sondern zupft oder schält damit ihre Nahrung, um sie zunächst nur grob zerkleinert in den Pansen zu schlucken. Die Anzahl und der Zustand der Schneidezähne lassen das Alter bis vier Jahre relativ genau erkennen. Ein höheres Alter lässt sich am Abnutzungsgrad der Zähne grob schätzen.

Beim Lamm sind nach 3 – 4 Wochen alle vier Paar Milchschneidezähne durchgebrochen, mit drei Monaten sind sie alle etwa gleich hoch gewachsen. Bis zum Alter von einem Jahr ist kein deutlicher Unterschied festzustellen.

Zwischen 1¼ und 1½ Jahren wird das mittlere Zahnpaar gewechselt, die bleibenden Zähne wachsen übergangslos heraus und lassen sich von den Milchzähnen gut unterscheiden. Das benachbarte Zahnpaar wird mit 1¾ – 2 Jahren gewechselt, das dritte Zahnpaar mit 2½ – 3 Jahren, die äußeren mit 3½ – 4 Jahren. Soweit können wir auch ohne große Übung das Alter bestimmen. Im fortgeschrittenen Alter sind die Schneidezähne stark abgenutzt, einige können bereits ausfallen.

Wie schon erwähnt, können Ziegen 15 Jahre und älter werden. In modernen Nutzungsbetrieben scheiden sie allerdings nach der fünften oder sechsten Ablammung als unrentabel aus. Diese leistungsorientierte Haltung in Großställen verschleißt die Ziege schnell, die Dauer ihrer leistungsstarken Jahre wird deutlich verkürzt.

Bei unserer Kleinhaltung dagegen werden wir wesentlich mehr gute Jahre erwarten können, denn je mehr wir auf die Bedürfnisse der Ziege eingehen und uns um eine artgerechte Haltung bemühen, desto gesünder und leistungsfreudiger wird sie auf lange Sicht sein.

Kauf und Eingewöhnung einer Ziege

In den vorangegangenen Abschnitten haben wir bereits mögliche Gedanken vor dem Kauf von Ziegen durchgespielt und einiges zur Einschätzung und Erkennung einer guten Ziege erfahren. Bevor nun die erste Ziege ins Haus kommt, müssen zwei Voraussetzungen selbstverständlich erfüllt sein: Der Stall muss ziegengerecht eingerichtet und die Weidemöglichkeiten vorher geklärt sein. Bei Bekannten haben wir schon miterlebt, wie das Ziegenfieber ausbrach, dass man Hals über Kopf zwei ungestüme vierteljährige Lämmer kaufte und knapp zu Hause angekommen, nicht wusste, wohin mit ihnen. Die Wiese war mit Stacheldraht nur rindersicher, die Buchten im ehemaligen Schweinestall nicht hoch genug. Das Chaos war perfekt. Die nächsten Tage hieß es ständig: Ziegen fangen und Stall umbauen, es war erstaunlich, welche Lücken die Lämmer immer wieder fanden. Die Hektik bekam den noch scheuen Tieren nicht gut und unsere Bekannten verloren schnell die Lust. Aus der anfänglichen Begeisterung wuchs eine Hassliebe. Vor solchen wegweisenden Erlebnissen möchte ich jeden Anfänger bewahren, meine Tipps sind nun hoffentlich ans Herz gelegt.

In ländlichen Gegenden werden manchmal gute Ziegen zu Preisen wie vor 20 Jahren verkauft. An diesem Preisniveau dürfen wir uns aber keineswegs orientieren, denn es deckt bei weitem nicht die Mühe, die man hat, bis ein Tier zum Verkauf steht. Ich bin der Meinung, dass der Preis für Ziegen dem der Milchschafe entsprechen soll. Ziegen machen nicht weniger Arbeit und stellen aufgrund ihrer Leistung keinen geringeren Wert dar. In der Regel werden Ziegen heute auch zu diesen höheren Preisen verkauft. Also wundem Sie sich bitte nicht, wenn der Verkäufer verärgert reagiert, weil Sie den Preis grob runterhandeln wollen, sondern denken Sie daran, dass auch Sie später einmal einen angemessenen Preis für Lämmer erzielen wollen.

Zum Kauf nehmen wir also genügend Zeit zur gründlichen Begutachtung der Ziege und das nötige Geld mit. Stall und Wiese sind vorhanden.

Nun brauchen wir nur noch Glück, um eine Ziege zu finden, die unseren Vorstellungen entspricht, und in die wir uns auf Anhieb verlieben können.

Sind wir stolze Besitzer einer Ziege geworden, denken wir daran, dass die ersten Tage prägend für das weitere Verhalten der Ziege und die gemeinsame Beziehung sind. Nach dem Transport wird das Tier zunächst ein wenig verstört und beunruhigt sein. Fremde Gerüche und Geräusche, Trennung von Lämmern oder anderen Tieren können sie sehr unzufrieden wirken lassen. Also nicht gleich verzweifeln, wenn sie zunächst viel meckert, nicht richtig fressen will oder depressiv erscheint. Das ist der Trennungsschmerz.

Nach spätestens zwei bis vier Tagen wird sie sich an ihr neues Zuhause gewöhnt haben. Wir können ihr das erleichtern, indem wir ruhig und freundlich mit ihr umgehen, den Stall vorher frisch gestreut haben, ihr Wasser und bestes Heu anbieten. Damit das Tier uns kennen lernt und unsere Witterung aufnehmen kann, sprechen wir es beruhigend an, rufen seinen Namen und halten ihm die geöffnete Handfläche zum Beschnuppern entgegen. Wenn es gestreichelt werden will, so streicheln wir es. Aber gerade am Anfang sollte man nichts erzwingen. Hektische Bewegungen, schrille Töne, also alles, was die Schreckhaftigkeit von Ziegen fördert, vermeiden wir. Den »neuen Mitbewohner« werden wir in den ersten Tagen viel beobachten und genauer untersuchen, besonders die Hufe auf Klauenerkrankungen, gegebenenfalls werden wir sie gleich schneiden (siehe S. 82). Auf Ungeziefer im Fell und Hautkrankheiten müssen wir achten, und prinzipiell sollten wir neue Tiere entwurmen (siehe S. 83). Das machen wir einerseits vorbeugend, weil wir den Verwurmungsgrad der Ziege nicht einschätzen können, andererseits um unsere Wiese und den Stall nicht gleich mit ausgeschiedenen Wurmeiern zu verseuchen.

Haben wir bereits Ziegen im Stall, so ist es aus den eben genannten Gründen ratsam, die »Neue« nicht sofort mit den anderen zusammenzulassen, sondern erst wenn die Entwurmung vorgenommen wurde und wir auch sonst sicher sind, dass sie keine sichtbare Krankheit mitgebracht hat. Das sind alles vorbeugende Maßnahmen, in der Regel werden wir hoffentlich gesunde Tiere angeboten bekommen.

Bald wird sich die Ziege an uns gewöhnt haben und uns beim Füttern vertrauensvoll entgegenkommen. Wir haben es in den ersten Tagen selbst in der Hand, wie harmonisch der spätere Alltag mit der neuen Hausgenossin abläuft. Doch zunächst müssen wir uns einmal kennen lernen.

Die Haltung und Fütterung

Wie der Stall aussehen kann

Ziegen verbringen, je nach Art der Haltung und des Wetters, einen großen Teil des Jahres im Stall. Deswegen ist es besonders wichtig, diesen ziegenfreundlich und ihrem Wesen und Temperament entsprechend zu gestalten. Als Tiere, die ursprünglich aus dem Hochgebirge stammen, besitzen sie die Fähigkeit, ihr Futter an unzugänglichen Plätzen zu suchen, sie können gut klettern und bewegen sich viel. Aber der Stall sollte auch menschenfreundlich eingerichtet sein, damit wir die notwendigen Arbeiten bequem und mit Freude ausführen können. Beides gilt es geschickt miteinander zu verbinden.

Ich will keine detaillierten Baupläne für den optimalen Stall angeben, sondern lieber Grundsätzliches dazu sagen. In der Regel werden bereits vorhandene alte Ställe, Gebäude oder Schuppen dafür umgebaut, und so hat fast jeder andere Voraussetzungen für seinen Ziegenstall. Solche alten ungenutzten Räumlichkeiten lassen sich meist sehr gut für Ziegen umbauen. Es ist der sparsamste Weg, daneben brauchen wir handwerkliches Geschick, fördern unsere Improvisationsgabe und entwickeln den für die Ziegenhaltung nötigen Ziegenverstand. Neubauten werden nur selten in Frage kommen, im Bedarfsfall kann man sich Informationen bei den Ziegenzuchtverbänden einholen (Adressen im Anhang). Allerdings sind deren Neubaupläne meist an der modernen Nutztierhaltung orientiert.

Prinzipiell gibt es für Ziegen drei mögliche Stalltypen, von denen, wie wir sehen werden, nur zwei für eine artgerechte Haltung in Frage kommen:

Der **Laufstall** ist ein großflächiger Stallraum, der von mehreren Ziegen gemeinsam benutzt wird. Er bietet die größte Bewegungsfreiheit, da die gesamte vorhandene Fläche jedem Tier zur Verfügung steht. Füttern, Tränken und Melken kann innerhalb des Stalles vorgenommen werden. Bequemer noch ist ein angrenzender Futtergang. Es ist eine Arbeitserleichterung, wenn wir von ihm aus füttern. Wir können ein Fressgitter bauen, durch das die Ziegen zum Fressen ihren Kopf stecken. Wenn sie außerhalb des eigentlichen Stallraumes ihr Futter aufnehmen, besteht keine Gefahr, dass sie im Futter herumtreten, es vollkoten oder reinpinkeln und es anschließend nicht mehr anrühren. Dieses Gitter ist futtersparend und kann so gebaut werden, dass nur wenig auf den Stallboden fällt.

Der Laufstall muss Möglichkeit bieten, einzelne Tiere separat zu halten, beispielsweise zur Lammzeit. Entweder teilt man mit Absperrgittern Extrabuchten ab, oder das Stallgebäude hat noch mehr Räume oder Buchten, die wir dafür nutzen können. Am wohlsten fühlen sich Ziegen, die von den anderen abgeteilt sind, wenn sie trotzdem mit den anderen Blickkontakt halten können. Wenn wir Lämmer großziehen wollen, brauchen wir spätestens zum Absetzen der Lämmer von der Mutter einen zweiten Stallraum. Ziegenställe sollten alle in einem Gebäude liegen, da sie sich sonst durch Meckern von einem Gebäude zum anderen verständigen, und das kann ganz schön störend sein.

Genügend Platz im gleichen Haus, um Futtermittel und vielleicht sogar Heu und Stroh zu lagern, ist eine weitere Arbeitserleichterung. Wir sparen unnötige Wege bei Regen oder Kälte.

Den Flächenbedarf für einen Laufstall anzugeben, erscheint mir schwierig. In manchen schlauen Büchern ist von weniger als 2 Quadratmetern pro Ziege in einem Bestand von mehr als 5 Tieren die Rede. Das ist sicher optimale Nutzung einer kleinen Fläche, aber dieses Gedrängel ist absolut nicht ziegengerecht. Ziegen brauchen aufgrund ihrer Rangordnung die Möglichkeit, einen mehr oder weniger großen Abstand voneinander halten zu können. Ich würde in einem 10 Quadratmeter großen Stall 3 Ziegen unterbringen, eventuell vorübergehend 4, vorausgesetzt sie vertragen sich gut. Ein Gradmesser für Überbelegung im Stall ist der Frieden. Sind die Tiere aggressiv zueinander oder ist eine einzelne ständig auf der Flucht, ohne einen Ruhepunkt zu finden, dann ist der Stall zu klein.

Der zweite Stalltyp ist der **Boxenstall**. In ihm werden jeweils ein oder zwei Ziegen in kleinen Abteilungen, den Boxen, gehalten. Bei mehreren Ziegen ist diese Methode arbeitsaufwendiger, da man zum Melken und – wenn kein Futtergang vorhanden ist – zum Füttern immer in eine Box muss. Sind die Abteilungen nicht zu klein, fühlen sich die Ziegen in ihnen wohl. Man kann sie auch so anordnen, dass die Ziegen bei offenen Türen über einen Gemeinschaftsraum oder Gang Kontakt zueinander haben.

Die dritte Art, der **Anbindestall**, steht für eine artgerechte Ziegenhaltung nicht zur Diskussion. In ihm verbringen die Tiere ein elendes Dasein, kurz angebunden vor Futtertrog und Raufe, mit den Hinterbeinen und beim Liegen auch mit dem Euter ständig in ihrem Kot. Wer seinen Ziegen dies zumutet, wird keine Freude an ihnen und ihrer Milch haben.

Früher war das eine gängige Methode, die Ställe waren oft noch dunkel und feucht. Aber auch heute noch findet man mitunter angebundene Ziegen in finsteren Löchern. Es gibt sogar Großställe, die diese Methode praktizieren. Vorsicht ist beim Kauf einer Ziege aus dieser Haltung geboten, man muss sie besonders kritisch auf ihren Gesundheitszustand hin betrachten. Viele haben aufgrund ihrer Freiheitsberaubung solch eine Wut im Bauch, dass sie mit Bösartigkeiten reagieren.

Die **Grundbedingungen** für einen Ziegenstall sind: hell, trocken, luftig, aber zugfrei. Es ist wünschenswert, dass auch Sonne in den Stall kommt, allerdings kann es dann im Sommer darin sehr heiß werden, was Ziegen nicht so gefällt. Dann muss besonders gut gelüftet werden. Die Fensterfläche sollte ausreichend groß sein, Dunkelheit begünstigt verschiedene Krankheiten, u. a. Pilze. Die Ziegen dürfen die Fenster beim Aufrichten nicht erreichen (Verletzungsgefahr), ausladende Hörner und wachsende Mistdecke sind dabei zu beachten. Es gibt sonst schnell Bruch.

Bei **Stalltemperaturen** von 8 – 15 °C fühlt sich die Ziege am wohlsten. Im Winter werden wir diese Temperaturen kaum einhalten können. Deswegen ist es ratsam, keine Hochleistungsziege zu wählen, sondern eine, die etwas robust gehalten werden kann. Als Faustregel gilt: je kälter es ist, desto zugfreier und trockener muss die Stallluft sein. Auf diese Weise vertragen die Tiere gut Innentemperaturen von unter 0 °C. Allerdings dürfen wir dann keine großen Milchmengen erwarten und werden Probleme mit dem Einfrieren des Wassers haben. Für neugeborene Lämmer sind diese Temperaturen äußerst ungünstig, der Lammtermin sollte weiter ins Frühjahr gelegt werden.

Eine Ziege gibt selbst nur wenig Wärme ab, deshalb ist es vorteilhaft, wenn auch größere Tiere wie Rinder und Pferde mit im gleichen Gebäude stehen. Bevor der Winter Einzug hält, dichten wir den Stall gut ab. Stroh und Heu kann so gelagert werden, dass es eine isolierende Funktion hat. Manchmal hat man selber oder Nachbarn alte Bunde davon, die fort sollen. Die werden dann von außen gegen Türen und undichte Wände gestapelt, eventuell kann man auch eine Plastikplane (schwarze Siloplane im Landhandel ist am billigsten) hinterlegen. Im nächsten Frühjahr kann das inzwischen angerottete Heu oder Stroh als Mulch im Garten oder auf dem Kompost Verwendung finden. Vor Türen, die nicht unbedingt gebraucht werden, habe ich im Winter von innen Spanplatten gegen die Öffnung geschraubt und den Zwischenraum fest mit Stroh ausgestopft. Das hilft enorm gegen Zugluft und Kälte. Allgemein wird Holz von Ziegen gern angeknabbert, Spanplatten scheinen sie aber nicht zu interessieren. Zum Abdichten eignen sich ebenfalls alte Decken, Säcke und Lumpen, sie dürfen allerdings für die Tiere nicht erreichbar sein. Herrscht im Stall Zugluft dicht über der Erde, die sich nicht ohne weiteres abstellen lässt, kann man den Ziegen ein erhöhtes Podest bauen, auf dem sie gern liegen werden.

Die **Stallhöhe** spielt eine große Rolle für die winterlichen Temperaturen. Je höher er ist, desto kälter. Ein Ziegenstall kann relativ niedrig sein. Aber: Je niedriger er ist, desto besser muss er belüftet sein. Eventuell kann man unterhalb der Decke Entlüftungsklappen anbringen, die im Winter verschlossen werden können. Bei niedrigen Stalltemperaturen sind die Gerüche nicht so intensiv wie bei Wärme. Ist der Stall sehr hoch, ist zu überlegen, ob man eine Zwischendecke einzieht, auf der man gleichzeitig Heu oder Stroh lagern kann. Solch eine Decke ist nicht teuer, wenn man selbstgeschlagenes Stangenholz hat, altes Holz verwendet oder in einer Sägerei billig Anschnitte, sogenannte Schwarten, kauft. Diese Schwarten kann man sehr vielseitig im Stallbau verwenden, für die Decke muss man auf ausreichende Stärken achten.

Die Methode der **Einstreu** ist ebenfalls zu berücksichtigen. Am vorteilhaftesten ist die Matratzenstreu: Wenn es nötig ist, wird über die bereits vorhandene Schicht immer wieder neu übergestreut, ohne dauernd auszumisten. Mit der Zeit entsteht ein dickes Polster, das im Winter gute Wärmeeigenschaft besitzt, je seltener gemistet wird, desto höher wächst die Mistschicht. Das ist für Einbauten wie Raufe, Futtertrog, Tränke und wechselbare Absperrgitter zu beachten.

Im Normalfall mistet man den Tiefstall ein- bis zweimal im Jahr, das Polster kann bis zu einem Meter dick werden. Bei niedriger Stallhöhe oder höherem Bodenniveau muss natürlich öfter ausgemistet werden. Ab und zu eine Gabe von Korallalgenkalk bindet den Ammoniakgeruch und beschleunigt die Mistrotte.

Gitter sind zur Unterteilung und Umgrenzung im Innenraum des Stalles die beste Lösung. Sie ermöglichen eine freie Luftzirkulation in den Abteilungen und lassen auch Licht herein. Man nimmt dazu Stäbe, Kanthölzer oder Bretter (Schwarten), die wegen der Haltbarkeit senkrecht angeordnet sein müssen, damit sich die Ziegen nicht an ihnen aufrichten können. Eine Höhe von 1,20 Metern ist normalerweise ausreichend (wachsende Mistschicht berücksichtigen!). Der Luftraum (lichte Weite) zwischen den Stäben darf nicht zu weit gewählt werden, damit die Ziegen nicht ihren Kopf durchstecken. Um Lämmer abzuhalten, muss die lichte Weite weniger als 7 Zentimeter betragen.

Maschendraht ist als Gitter ungeeignet. Die Ziegen richten sich an ihm auf und reiben sich während des Haarwechsels mit starkem Druck daran, so dass er sich schnell verformt. Als Material würde ich dabei immer Holz dem Eisen vorziehen, da man es leichter selbst bearbeiten und reparieren kann.

Für das **Fressgitter** gibt es mehrere interessante Möglichkeiten. Das Grundprinzip ist: Die Ziege muss den Kopf durch dieses Gitter stecken, aber in Fressstellung nicht zurückziehen können. Die Vorteile: Das Futter kann nicht verunreinigt werden und wir können gewährleisten, dass auch rangniedere Ziegen ihre Portion abbekommen. Das Futter wird also quasi außerhalb des eigentlichen Stallraumes angeboten. Im Idealfall an einem Futtergang angebracht, können wir bequem die individuellen Rationen verteilen.

Dieses Fressgitter kann man so gestalten, dass die Ziege ihren Kopf durch einen breiteren oberen Teil steckt und, wenn sie ihn zum Futtertrog heruntersenkt, mit dem Hals in einen engeren Teil rutscht, durch den sie den Kopf nicht ohne weiteres herausziehen kann. Dazu müsste sie den Kopf erst heben. Wie gesagt, Ziegen sind es von Natur aus gewohnt,

ihr Futter an schwer zugänglichen Stellen zu suchen. Deshalb stellt so ein Gitter für sie keine Beeinträchtigung dar, und sie lernt schnell, damit umzugehen. Diese Konstruktion bringt uns den enormen Vorteil, dass die Ziegen beim Fressen ruhig stehen bleiben und dadurch kein Futter vergeuden.

Mancher Ziegenhalter hat sich schon oft darüber geärgert, wie viel Futter auf dem Stallboden landet und damit verloren ist. Ziegen nehmen gerne ein Büschel Heu und treten dann zurück, um es in Ruhe aufzufressen. Der größte Teil fällt dabei zu Boden. Mit dem beschriebenen Fressgitter reduziert sich dieser Futterverlust erheblich, ich halte es für eine gute Lösung, Arbeits- und Materialaufwand machen sich bald bezahlt.

Probleme bereitet es allerdings, wenn junge Lämmer mit im Stall sind. Sie können durch die Zwischenräume in den Futtertrog klettern, um im Futtergang herumzutoben. Aber wenn wir das verhindern müssen, wird uns schon etwas einfallen.

Der **Futtertrog** hinter diesem Fressgitter kann so breit und tief gebaut werden, dass man auch Heu anbieten kann. Als Maßstab für die Breite dient der Bereich, den die Ziege bei gestrecktem Hals mit dem Maul durch das Gitter noch erreichen kann. Dieser Raufuttertrog wird dem Wesen der Ziege gerecht, weil sie gerne im Futter auswählt.

Für andere Futtergaben (Kraftfutter, geschnetzelte Rüben usw.) installieren wir an einem anderen Teil des Fressgitters einen herkömmlichen, glasierten Futtertrog oder konstruieren einen kastenartigen Aufsatz für den Raufuttertrog. Dieser Aufsatz kann zum Futtergang hin aufklappbar sein und in größere Fächer (dem Radius des Ziegenhalses entsprechend) unterteilt sein. Die Ziege muss auch die entfernte Ecke noch erreichen können, damit sie das Futter nicht in einen für sie toten Winkel schiebt. Eine Kante ist wichtig, damit das Futter nicht vom Tisch fällt. Mit dieser Art von Trögen geht ebenfalls kaum Futter verloren, und wenn sie groß genug sind, fressen die Ziegen gerne und lange daran, weil sie aussuchen können. Bei langen Raufuttertrögen bieten wir der Ziege ständig Heu an, der Aufsatz wird dann nur bei der Hauptfütterung morgens und abends benutzt.

Auch für wenige Ziegen ist die Konstruktion Fressgitter-Futtertrog empfehlenswert, wenn Futter knapp und kostbar ist. Als Maßstab für den Bauplan orientiert man sich an den Maßen der eigenen Tiere und den räumlichen Gegebenheiten.

Wem der Aufwand zu hoch erscheint und wer die Futtervergeudung in Kauf nehmen will, kann natürlich in Schüsseln oder Trögen im Stallraum füttern. Eimer haben eine zu kleine Grundfläche. Schüsseln werden nach der Mahlzeit entfernt, und sie müssen jedes Mal vor der Fütterung gereinigt werden.

Hält man so mehrere Ziegen, füttert man sie am besten jede in einer Ecke, damit alle etwas abbekommen. Die Chefin wird trotzdem das Meiste beanspruchen, eine Ideallösung ist das Füttern im Stallraum nicht.

Die traditionelle **Raufe** sparen wir uns mit dem eben erwähnten Raufuttertrog. Brauchen wir jedoch eine Raufe, so gilt es folgendes zu beachten: Die Stäbe dürfen nicht zu weit voneinander entfernt sein, damit die Ziege nicht zuviel Heu auf einmal herausziehen kann. Der lichte Abstand darf aber nicht unter 5 Zentimetern liegen. Steht die Raufenfront senkrecht, fällt weniger Futter heraus, bei schräger Rückwand rutscht das Heu nach. Unterhalb der Raufe kann man ein Auffangbrett oder den Futtertrog anbringen. Allerdings wird die Ziege sich an ihm aufstützen, die Konstruktion muss also stabil sein. Je größer die Raufe ist, desto besser. So können wir ständig Heu anbieten und es finden auch mehrere Tiere daran Platz.

Als **Tränke** reicht ein stabiler Plastikeimer aus. Ein in die Wand geschraubter Haken hält den Henkel. Beim Füttern oder Melken schaut man nach, ob das Wasser verunreinigt ist und wechselt es im Bedarfsfall, mindestens jedoch einmal täglich. Es muss immer genügend Wasser angeboten werden.

Das Wasserschleppen macht zwar Arbeit, dafür gibt es im Winter weniger Probleme mit eingefrorenen Leitungen der Selbsttränken, und wir müssen den Ziegen nicht das eiskalte Leitungswasser anbieten. Die Installation einer Selbsttränke ist teuer und nicht immer möglich. Sind Wasserleitungen bereits vorhanden, benutzt man eine für Schafe konstruierte Tränke. Großviehtränken sind ungeeignet.

Die **Stalltüren** sollten nach innen aufgehen, damit nicht die ganze Last auf den Riegel drückt, wenn sich die Ziege an ihr aufrichtet oder gegen lehnt. Allerdings bekommen wir durch die wachsende Mistschicht schnell Probleme, wenn die Tür nach innen aufgeht und die Türschwelle auf niedrigem Niveau liegt. Ziegen sind gute Kletterer, die Türschwelle kann also durchaus höher angebracht werden. Weil Ziegen äußerst geschickt sind, muss die Verriegelung einer Tür narrensicher sein, damit sie sie weder mit Maul, Horn oder Klauen öffnen können. Ein außen angebrachter Verschluss ist für sie unerreichbar.

Alle Einrichtungen im Stall sind so stabil wie möglich zu bauen. Als **Material** habe ich schon Holz empfohlen. Wo es mit Mist über längere

Zeit in Berührung kommt (bei der Matratzeneinstreu), rottet es natürlich irgendwann. Dies muss bei Konstruktionsplanungen in Betracht gezogen werden. Holz bleibt trotzdem das preiswerteste und bequemste Material. Ziegen lieben es, sie nagen gerne daran, besonders wenn ihnen langweilig ist. Das Beknabbern können wir vermeiden, indem wir regelmäßig Reisigbündel auch mit Laub und Zweigen, oder sogar Stämme, die für das Feuerholz oder als Zaunpfähle bestimmt sind, in den Stall geben. Sie schälen mit Vorliebe die Rinde, sie ist besonders mineralhaltig.

Für Zweige und Reisig bringt man im Stall eine Klemme an, so dass sie herunterhängen. Das Anbieten von Laubzweigen gehört bei mir zum festen Fütterungsplan, es ist die bevorzugte Nahrung von Ziegen, und ich habe dadurch wirklich kaum Probleme mit dem Benagen der Stalleinrichtung.

Auf keinen Fall dürfen wir die Holzteile im Stall mit Holzschutzmitteln einstreichen, auch nicht mit Karbolineum oder Altöl, um das Annagen zu verhindern. Karbolineum ist äußerst giftig! Auch das Bundesgesundheitsamt rät von der Anwendung im Innenraum ab. Als ein Teeröl-Präparat gast es noch lange Zeit aus und führt auf die Dauer zu Erkrankungen der Atmungsorgane.

In unserem Dorf lebte eine Frau, die ihren Pferdestall von innen mit diesem Zeug strich. Ihre edlen Tiere bekamen einen chronischen Husten, sie hohe Tierarztrechnungen. Sie hatte nur die Möglichkeit, die Pferdehaltung in diesen Ställen aufzugeben.

Auch von biologischen Holzschutzmitteln würde ich abraten, da wir damit rechnen müssen, dass die Ziegen doch mal dran knabbern. Ich glaube kaum, dass sich das positiv auf die Milch auswirkt. Ich lasse das Holz im Stall unbehandelt und habe gute Erfahrungen damit gemacht.

Im Stall dürfen natürlich keine **Verletzungsgefahren** lauern. Elektrische Kabel sind so zu verlegen, dass sie von den Ziegen nicht erreicht werden. Hervorstehende Nägel sind eine häufige Gefahrenquelle. Lose, kaputte Teile werden wir schnell reparieren. Holz sollte schon der Haltbarkeit wegen verschraubt werden. Plastikfolien, Säcke mit Futtermitteln und anderem dürfen nicht in Reichweite der neugierigen Leckermäuler aufbewahrt werden.

Einen Stall für wenige Ziegen kann man fast überall einrichten. Selbst ein kleiner, ursprünglich luftiger **Schuppen** lässt sich abdichten und ziegengerecht gestalten.

Auch eine **Garage** lässt sich in einen Ziegenstall verwandeln, allerdings sind dafür größere Umbauarbeiten notwendig. Sie haben nur selten ausreichend große Fenster und für gute Belüftung muss gesorgt werden, indem unterhalb des Daches mehrere ziegelsteingroße Öffnungen geschaffen werden, die im Winter teilweise mit Stroh verstopft werden.

Die große Tür ist ein Problem. Sie ist keineswegs Lüftungs- oder Fensterersatz, dazu müsste sie immer offen stehen. Außerdem müssen die Dünste nach oben entweichen können. Im Winter lässt sie beim Öffnen zu viel Kälte herein. Am besten baut man sie zu und ersetzt sie durch eine kleinere Tür.

Eine Garage ist sehr niedrig, der Boden meistens eben, so dass die Flüssigkeit aus dem Mist nicht ablaufen kann. Folglich müssen wir öfter ausmisten. Trotzdem kann sie nach den genannten Umbauten einen geeigneten Ziegenstall abgeben.

Alte **Schweineställe** lassen sich als Boxenstall umbauen oder man nimmt einige Zwischenwände heraus und erhält einen Laufstall. Die restlichen Buchten können als Ablammboxen, Bockstall und Ausweichmöglichkeiten dienen, wenn Tiere extra gehalten werden sollen. Meist sind ein Futtergang und eine Ablaufrinne für die Gülle vorhanden. Die Lichtverhältnisse in den alten Schweineställen sind oft recht dürftig, die Höhe der Buchtenwände für Ziegen zu niedrig. Frisch gekalkt sehen diese Ställe bereits sehr viel freundlicher aus. Von ihrer Aufteilung her bieten sie gute Voraussetzungen für Umbauten.

Als wir aufs Land gezogen sind, haben wir zunächst die Kuhställe des alten Niedersachsenhauses für die Ziegen hergerichtet. Das waren zwei **Tiefställe**, in der Mitte ein breiter, erhöhter Futtergang. Auf diesem bekam der Bock seine Box mit Ausblick auf seine Damen. Der Stall zur einen Seite wurde der Laufstall, auf der anderen bauten wir den Lämmerstall und ein Ausweichquartier. Wenn es nötig war, beispielsweise zur Ablammzeit, arbeiteten wir mit Absperrgittern und erhielten geräumige Boxen. Als Hauptmaterial verwendeten wir Holzschwarten, von denen wir billig ein ganzes Fuder voll aus der Sägerei holten. Sie haben sich als haltbarer und praktischer erwiesen als wir zunächst dachten.

Als **transportablen Stall** für weiter entfernt gelegene Wiesen könnte man einen geräumigen Anhänger verwenden oder einen alten Bauwagen umbauen. Natürlich müssen alle Einbauten und Kunststoffteile entfernt und die Fenster gesichert werden. Für die ganzjährige Haltung ist solch ein Stall schlecht geeignet.

Auslauf, Weideeinzäunung

Wer die Möglichkeit hat, vor dem Ausgang vom Ziegenstall einen Auslauf einzuzäunen, kann sich glücklich schätzen. So können sich die Ziegen im zeitigen Frühjahr und späten Herbst, wenn die Wiesen nichts hergeben, oder auch in milden Wintern draußen im Freien bewegen. Wir können kaum etwas Besseres für ihre Gesundheit tun. Bei reichlicher Bewegung verlaufen die Geburten leichter, frische Luft und Sonnenlicht sind Lebensquellen. Wir können ihnen Zweige anbieten und sie werden sich gerne dort aufhalten.

Der Zaun des Auslaufes muss sehr stabil sein, damit die Ziegen ihn nicht heruntertreten und verbeulen. Normaler Maschendraht und die in der Schafhaltung üblichen Knotengitter sind – allein verwandt – deshalb ungeeignet. Eine sichere Einzäunung erhält man, wenn man mittelstarke Holzstangen verwendet, wie sie beim Ausforsten anfallen. Sie sind gleichzeitig die preiswerteste Lösung, wenn das Ausforsten selbst erledigt wird. Das Schälen der Stangen überlässt man den Ziegen.

Die Pfosten setzen wir relativ eng. Die Stangen werden von innen dicht über dem Erdboden beginnend waagerecht angenagelt. Eine größere Stabilität erhält man, wenn die Stangen und Pfosten an ihren Verbindungsstellen ausgespart werden, so dass sie eine ebene Verbindungsfläche bilden. Die lichte Weite von Stange zu Stange darf – von unten beginnend – höchstens 2 × 17 Zentimeter, 21 Zentimeter, 25 Zentimeter und oben 2 × 28 Zentimeter betragen. Diese Maße sind für eine verhältnismäßig große Ziege ausgelegt, für kleinere müssen die Abstände enger gewählt werden. Insgesamt werden acht Stangen übereinander angeordnet. Die Gesamthöhe liegt bei mindestens 1,50 Metern. Die Pfosten würde ich höher stehen lassen, damit der Zaun nach oben hin erweitert werden kann, falls sich unsere Ziege als Hochsprungmeisterin entpuppt. Von außen gegengenageltes herkömmliches Knotengitter macht den Zaun vollends dicht und auch lämmersicher.

Wir sehen, das Einzäunen von Ziegen ist recht aufwendig. Es ist das Hauptproblem der Ziegenhaltung. Die Wiese wie eben beschrieben einzuzäunen, ist so gut wie unmöglich, deshalb muss man nach einfacheren Lösungen suchen. Stacheldraht ist völlig ungeeignet, auch wenn er straff und eng gespannt ist. Er stellt für eine Ziege eher eine Verletzungsgefahr (besonders am Euter) als ein Hindernis dar. Sehr dicke Hecken halten eine Ziege eine Zeitlang ab, aber wenn das Futter auf der Wiese uninteressant für sie wird, beginnt sie, sich gezielt durch die Hecke durchzufressen. Selbst Weißdornhecken halten sie auf Dauer nicht auf.

Hohes Knotengitter, wie es für Wildzäune verwendet wird, kann benutzt werden, es ist aber teuer. Zweckmäßig ist es, über diesem Zaun eine Reihe Stangen zu vernageln, an denen man das Gitter hochbindet, damit es nicht niedergetreten werden kann. Unten muss sich das Gitter den Bodenunebenheiten anpassen und allgemein sehr straff gespannt sein. Ziegen sind nämlich äußerst talentiert im Finden von Schwachstellen, deshalb muss sorgfältig gearbeitet und der Zaun öfter kontrolliert werden. Die hohe Ausführung des Schafknotengitters kann wie der Wildzaun verwendet werden.

Bevor man jetzt viel Geld in das teure Knotengitter investiert, welches für Ziegen keineswegs eine Ideallösung ist, sollte man sich überlegen, ob man sich nicht lieber einen mobilen **elektrischen Weidezaun** zulegt. Die Ausgaben sind nicht unbedingt höher, und er bietet wesentlich mehr Möglichkeiten, weil er überall eingesetzt werden kann. Das Grundelement ist das impulsgebende Weidezaungerät, das es in verschiedenen Ausführungen und Preisklassen gibt. Am häufigsten vertreten sind die mit Trockenbatterie betriebenen Geräte, außerdem gibt es wiederaufladbare mit Autobatterie und netzstromabhängige. Moderne Geräte haben eine Kontrollleuchte, die Auskunft über den Ladezustand der Batterie gibt, ein zweites Lämpchen zeigt an, ob die Spannung über den gesamten Zaun geleitet wird oder irgendwo unterbrochen ist. Zusätzlich gibt es die Wahlmöglichkeit zwischen verstärkter und normaler Spannung. Diese Raffinessen sind sehr vorteilhaft.

Der Preis eines neuen Geräts erschreckt, ich habe ihn aber nach vielen Jahren noch nicht bereut. Mitunter werden über Annoncen gebrauchte Geräte billig angeboten, man muss jedoch davon ausgehen, dass sie schon einige Jahre auf dem Kasten haben und ihre kritische Zeit bald kommt.

Als Zaun hat das elektrische Knotengitter viele begeisterte Anhänger gefunden. Ich persönlich habe mich mit ihm nicht anfreunden können. Ich finde, es hat gegenüber dem normalen Litzendraht entscheidende Nachteile: Es ist teurer, es lässt sich nicht so leicht umstecken, wenn man mit dem Zaun über die Wiese wandern will, man kann nicht unter dem Zaun mähen, wenn hohes Gras die Spannung ableitet, und Hornziegen zerfetzen es, wenn sie den Kopf durchgesteckt haben.

Ich bin also ein Fan der normalen Elektrolitze und habe damit noch nie Probleme gehabt. Entscheidend sind die ersten Erfahrungen, die die Ziege mit dem Draht macht. Sie sind so prägend, dass sie den Zaun später auch für einige Zeit respektiert, wenn er gar nicht eingeschaltet ist. Der Anfang muss folglich Eindruck machen.

Ich spanne zunächst drei Litzen übereinander und als besonderen Trick einen zweiten Zaun im Abstand von 50 Zentimetern dahinter. Dieser hat zwei Litzen etwa in Höhe der Zwischenräume des ersten Zauns. Diese Methode ist narrensicher. Die Ziege wagt nicht, darüber hinwegzuspringen und erhält beim Hechtsprung zwischen die Litzen garantiert einen Schlag. Die Spannung steht auf extrastark. Auch Lämmer lernen auf diese Weise, den Zaun zu respektieren. In der Anfangsphase und wenn neben der Wiese verlockendes Futter wächst, benutze ich den Elektrozaun doppelt, den Rest des Jahres reicht es, ihn mit zwei oder drei Litzen einfach zu führen. Gutes Drahtknotengitter verwende ich lieber zur Einzäunung des Gartens.

Zum Zubehör eines Elektrozauns: Eine Haspel zum häufigen Aufrollen der Litze ist praktisch. Zur Not kann man sie wie eine Drachenschnur über einen Knüppel wickeln, dabei aber Vorsicht, dass sie nicht herunterrutscht. Dünne Nylonlitze ist am leichtesten zu handhaben, breite Nylonlitze geht ebenfalls gut. Drahtlitze wird beim Aufwickeln schwer und bildet an Knicken lästige Widerhaken. Als Pfähle nehme ich die üblichen, leider etwas niedrigen Metallstäbe. Dazu gibt es in der Höhe verstellbare Isolatoren, von denen man beliebig viele anordnen kann. Die Litze läuft durch die Ösen frei beweglich. Es gibt auch Isolatoren, die man an Holzpfähle schrauben kann. Doch sind diese Holzpfähle zum Wandern mit dem Zaun ungeeignet, weil sie tiefe Löcher im Boden hinterlassen, die für Ziegen tückisch sind.

Ein Elektrozaun muss immer frei von Bewuchs gehalten werden (gelegentlich sensen), damit die Stromimpulse nicht abgeleitet werden. Allgemein sind Zäune so aufzubauen, dass sie sich den Bodenunebenheiten anpassen. Sie sollten immer an höheren Punkten im Gelände entlang führen, damit die Ziege tiefer steht und nicht etwa einen Absprunghügel zur Verfügung hat.

Nach diesem Plädoyer für den Elektrozaun wird vielleicht die Frage auftauchen: Ist das denn überhaupt artgerecht? Schreckliche Assoziationen drängen sich auf. Doch solch ein Weidezaun führt keinen Starkstrom, der Verletzungen oder Tod bringt, sondern in kurzen Impulsen wird eine hohe Spannung bei geringer Stromstärke durch den leitenden Draht geschickt. Wenn wir den Zaun berühren, ist das zweifellos unangenehm, es »zeckt« und auch die Ziege springt entsetzt zurück, wenn sie ihn neugierig mit der Nase beschnuppert. Aber wie gesagt, der erste Eindruck ist prägend, und sie wird den Draht schnell respektieren lernen und Berührungen vermeiden. Beim Kontakt mit dem Fell spürt sie den Impuls

nicht immer, dies als greifbares Bild für die Stärke. Auf alle Fälle hinterlässt der Schlag keine Verletzungen, und somit ist der elektrische Weidezaun weitaus harmloser als Stacheldraht, sicherer als Knotengitter und ermöglicht den Einsatz fast überall, was der Ziege zugute kommt. Das Problem der Einzäunung ist grundsätzlicher, leider müssen wir die Tiere einsperren und können sie nicht frei laufen lassen.
Als Vorsichtsmaßnahmen dienen:

- Die Ziege darf kein Kettenende am Hals hängen haben, mit dem sie sich am Zaun verfangen kann.
- Kleine Kinder fernhalten oder, wenn sie es verstehen, ihnen erklären, dass Anfassen weh tut.
- An Wegen Warnschilder anbringen, damit sich niemand erschreckt.

Rund um die Wiese

Wenn eine Ziege frei laufen könnte, würde sie nur wenig Gras fressen und sich hauptsächlich Büschen und kleinen Bäumen widmen. Eine Buschweide wäre also die ideale Ziegenweide. Leider regenerieren sich Büsche und Bäume nicht so schnell, die Ziege lässt von ihnen kaum etwas übrig. Doch manchmal finden sich verwilderte Ecken, welche die Besitzer gern gesäubert hätten und in diesem Falle können wir unsere Ziegen anbieten. Auch bei der zuständigen Gemeinde kann man nach verwildertem Land fragen, manchmal sind sie froh, wenn die Ziege schon Vorarbeit leistet. Ob wir die Zerstörung der für die Natur oft notwendigen ökologischen Nischen verantworten können, müssen wir vor Ort selbst entscheiden.

Bei Buschweidemöglichkeiten nehmen wir der Ziege das Halsband ab oder schnallen es enger, damit sie nicht hängen bleibt oder sich erwürgt.

Das Fressverhalten von Ziegen unterscheidet sich von anderen Weidetieren. Ihr Speiseplan beinhaltet wesentlich mehr Pflanzenarten, sie wählt gerne aus, nascht hier ein wenig und dort und bewegt sich viel dabei. Sie will trockenes Futter und frisst nicht gern dicht über dem Erdboden. Die deutsche Einheitswiese macht sie also nicht gerade glücklich. Wir sollten versuchen, die vorhandene Wiese mit Wildkräutern zusätzlich anzureichern, indem wir im zeitigen Frühjahr vor dem Austreiben der Wiese nachsäen. Alle Pflanzen werden sich zwar nicht dem Gras gegenüber durchsetzen können, eine Qualitätsverbesserung wird trotzdem erreicht. Bei Neueinsaat achten wir von vornherein auf Vielfalt. Auf der Ziegenwiese können durchaus Brennnesseln und Disteln stehen. Sie sind nahrhaft und in einem bestimmten Entwicklungsstadium ein Leckerbissen für Ziegen.

Der Weideboden soll in jedem Fall trocken sein, Feuchtwiesen bergen das Risiko der Leberegel!

Als Düngung lehne ich Kunstdünger schon deshalb ab, weil er die Pflanzenvielfalt zurückdrängt. Am besten streut man nach Ende der Weidesaison Mist einer anderen Tierart (vorzugsweise vom Pferd). Gut verkompostierten Mist kann man auch rechtzeitig vor der Weidesaison ausbringen, aber bitte die gesetzliche Winterruhe für das Miststreuen beachten! Rindermist lehne ich ab, da ich nichts in meine Nähe oder in die Nähe meiner Tiere lassen will, was möglicherweise BSE-Erreger enthalten kann. Frischer Ziegenmist selber birgt die Gefahr in sich, ausgeschiedene Wurmeier und Krankheitserreger auf die Wiese zu bringen. Steht nur Ziegenmist zur Verfügung, ist gute Ablagerung anzuraten und zur Desinfektion wird eine höhere Kalkgabe erforderlich. Mit Kalkung allgemein kann man Wurmlarven auf der Wiese bekämpfen, vorausgesetzt die Ziege scheidet nicht laufend neue Eier aus. Während der Weidesaison verzichte ich auf eine Düngung, denn kein Tier frisst gerne wo gerade Mist gestreut wurde.

Weil Ziegen lieber höheres Gras fressen, treten sie beim Laufen viel nieder, was sie später nicht mehr anrühren. Das ist ein Grund, warum wir ihnen nur eine kleine Weidefläche zur Verfügung stellen sollten. Der andere Grund ist die Verwurmungsgefahr. Es gibt eine Vielzahl von Magen- und Darmwürmern, von denen die Ziege befallen werden kann. Mit nur wenigen Würmern kann sie ganz gut leben, wir merken es ihr gar nicht an. Aber die Würmer scheiden über den Kot eine Unmenge Eier aus, aus denen sich infektionsfähige Larven entwickeln. Dies geschieht bei feucht-warmem Wetter in nur 5 Tagen, bei Kälte oder Trockenheit dauert es länger. Diese Larven können bei feuchter Witterung lange infektionsfähig bleiben, bei Trockenheit sterben sie eher ab. Über den Daumen sagt man, dass die Ansteckungsgefahr nach 6 Wochen relativ gering geworden ist. Damit sich die Ziege nun keine Wurmlarven mit dem Gras einfrisst, darf sie also im Idealfall nicht länger als 5 Tage auf dem gleichen Stück Wiese weiden.

Eine starke Verwurmung ist eine ernsthafte Krankheitserscheinung, die sogar zum Tod führen kann. Sie lässt sich zwar medikamentös behandeln, doch müssen wir davon ausgehen, dass die gerade beweidete Wiese mit Larven verseucht ist und der Kreislauf sich dort wiederholt. Und: Je weniger Medikamente wir verwenden, desto besser ist die Qualität von Milch und Fleisch. Ein gewissenhafter Weideumtrieb ist die beste Vorbeugung gegen Verwurmung.

Von Natur aus scheint die Ziege mit einem guten Instinkt gegen die Aufnahme von Wurmlarven ausgerüstet zu sein. Deswegen frisst sie nichts, was auf dem Stallboden liegt oder auf der Wiese niedergetrampelt wurde, sondern lieber frisches, hohes Gras oder Blätter. Ihr wählerisches, oft als mäklig bezeichnetes Fressverhalten muss also als durchaus positiv bewertet werden. Daher sollten wir die Ziege nicht dazu zwingen, etwas zu fressen, was sie nicht mag.

Eine günstige Weideausnutzung unter Berücksichtigung der Verwurmungsgefahr erreiche ich, indem ich mit dem Elektrozaun nur ein kleines Karree der großen Wiese einzäune. Jeden Tag versetze ich dieses Karree ein Stückchen weiter, so dass die Ziegen immer frisches Gras angeboten bekommen. Nach 5 Tagen liegt die gefährliche Fläche außerhalb der Einzäunung. Auf diese Art wandere ich langsam über die gesamte Wiese.

Das Umstecken des Zaunes geht ganz schnell, weil die Litzen in den Isolatoren frei beweglich sind. Er braucht dafür nicht aufgerollt werden. Die Pfosten einer Seite werden mit Litze an einer Ecke beginnend nach innen umgesteckt. So gewinnen wir Platz, um die Pfosten an einer anderen Seite, zum Beispiel der gegenüberliegenden, weiter herauszuziehen.

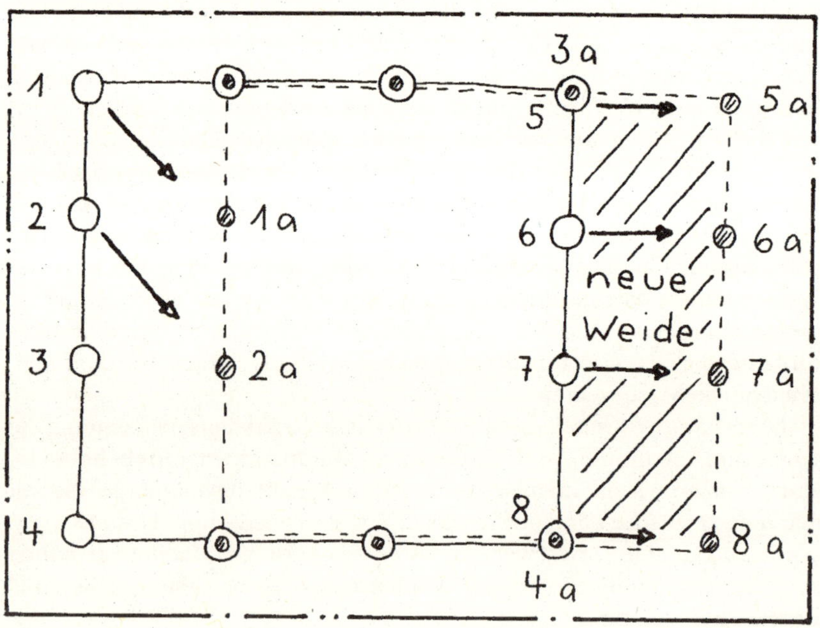

(Pfosten 3 und 4 auf der Abbildung werden ausgehängt und bei Position 3a und 4a wieder eingefügt.) Das ist ein Kinderspiel, wenn man mit den Pfosten jeweils so läuft, dass die Litze straff bleibt und dadurch nicht am hohen Gras hängen bleibt. Anschließend wird unter dem neu gesteckten Stück Zaun gesenst. Die Größe des Karrees richtet sich nach der Anzahl der Ziegen und dem Nährwert der Wiese.

Es gibt natürlich noch andere Methoden, die Weide portionsgerecht einzuteilen, die erwähnte ist die einfachste. Stehen viele Bäume oder Büsche auf der Wiese, kann man allerdings nicht mit dem geschlossenen Zaun wandern, sondern muss ihn öfter aufrollen und neu stecken.

Ziegen werden niemals die Wiese völlig kurz fressen, wir werden folglich nach der ersten Runde nachmähen müssen. Je weniger schmackhaftes Futter wir im Sommer zufüttern, desto mehr werden sie die Wiese ausnutzen.

Bei Regenwetter halten sich Ziegen ungern draußen auf, sie fressen auch nur wenig nasses Gras. Es bleibt zu überlegen, ob man sie an solchen Tagen im Stall lässt, ihnen auf der Wiese einen Unterstand baut, oder sie so abhärtet, dass sie bei Regen zumindest stundenweise draußen weiden. Ich ziehe letztere Möglichkeit vor, Hochleistungsziegen erkälten sich allerdings leicht.

Ein Unterstand ist bestimmt die beste Lösung. Er bietet auch Schutz vor zu viel Sonne, den Ziegen ebenfalls brauchen. Bei einem festen Unterstand lässt es sich wiederum nicht so gut mit dem Zaun über die Wiese wandern. Er müsste in der Mitte der Wiese stehen und der Zaun müsste strahlenförmig um ihn herumwandern, damit er immer erreichbar bleibt. In manchen Bundesländern sind feste Unterstände genehmigungspflichtig, am besten erkundigt man sich vorher bei der zuständigen Behörde. Auch mobile Unterstände sind nicht immer erlaubt.

Im Frühjahr wächst die Wiese so schnell, dass wir mit unseren Tieren nicht alles abhüten können. Es ist deshalb sinnvoll, von einem Gutteil nicht ausgeblühter Wiese Heu zu machen. Bei einer größeren Fläche hilft uns vielleicht ein benachbarter Bauer mit seinen Maschinen, bei kleineren Stücken lohnt es sich, mit der Sense selbst beizugehen.

Auf Reutern getrocknetes Heu hat eine hervorragende Qualität. Dabei ist man vom Wetter unabhängig und die Bereitung ist nicht so zeitraubend und stressig, als wenn man alles bis zur endgültigen Trocknung von Hand wenden muss. Brennnesseln und andere großblättrige Pflanzen, die beim häufigen Wenden normalerweise zerbröseln, trocknen auf Reutern hervorragend.

Das Grundprinzip: Möglichst stark angewelktes Pflanzenmaterial (ein- bis zweimal muss zuvor gewendet werden) wird nicht zu fest auf und um die Gerüste gepackt. Ist es schon recht trocken, packen wir die Schicht dick, ist es dagegen noch feuchter, halten wir die Schicht dünner, sonst schimmelt es. Man entwickelt mit der Zeit ein Gefühl dafür, wie das richtig zu handhaben ist.

Bei Dreibeinreutern und Heuhütten muss von innen die Luft zirkulieren können, deswegen lassen wir in der Mitte einen Hohlraum und sorgen für mindestens zwei Öffnungen über der Erde in Hauptwindrichtung. Zur Not kann man das Heu auch über einen Zaun hängen, der Wind übernimmt die Trocknung.

Wenn es richtig aufgebaut ist, schaden weder Regen noch Sonne, nur die äußerste Schicht wird nass und vergilbt. (Vorsichtiges Überharken der Heuoberfläche lässt das Regenwasser besser ablaufen.) Alles Darunterliegende behält die wunderbare Farbe und den Geruch, den gutes Heu ausmacht. Die Trocknung im Reuter geht langsam vor sich, wir brauchen etwas Geduld. Dafür ist der Nährstoffverlust viel geringer als bei der gängigen Methode des häufigen Wendens. Ich habe sehr gute Erfahrungen mit Dreibeinreutern gemacht. Die Holzstangen dafür sind mannshoch, sie werden oben mit Strippe zusammengebunden. Zum besseren Halt für das Heu binde ich die Schnur in unterschiedlichen Höhen dreimal

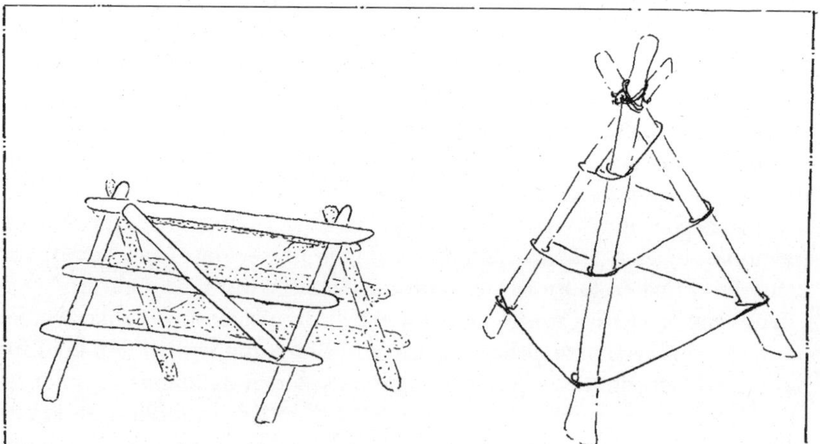

um das aufgestellte Gerüst. Mit dieser Methode wird auch in Ländern, wo es häufig regnet, wie in Irland, qualitativ gutes Heu gewonnen.

Noch ein Tipp: Zum Transport kleiner Mengen von losem Heu ist ein alter Bettbezug hervorragend geeignet.

Andere Weidemöglichkeiten

Wenn keine Wiese zur Verfügung steht oder sie nicht ausreicht, wird man nach kleinen, ungenutzten Flächen, nach Wegrändern, Bahndämmen und Straßenrändern Ausschau halten. Das waren früher die Hauptweiden der Hausziege. Heute muss man dabei allerdings die Schadstoffbelastung berücksichtigen. Die Ränder stark befahrener Straßen sind deshalb völlig ungeeignet, abgesehen vom Unfallrisiko. Feldränder sind mit Vorsicht zu genießen, weil sie oft gehörige Portionen Spritzmittel und Kunstdünger mit abbekommen. Bahndämme stillgelegter Strecken können eine interessante Weidemöglichkeit sein, mitunter verkehren aber auch dort einmal im Jahr Spritzmittelzüge, die die Gleise und Umgebung unkrautfrei halten sollen. Auf alten Schutthalden und Müllkuhlen steht oft eine vielfältige Vegetation. Wir müssen aber die gegebenen Altlasten des Bodens berücksichtigen, die über Gras und Milch auch uns erreichen. Wenn irgendwelche Zweifel bestehen, rate ich: Finger weg!

Sollte uns eine dieser Weidemöglichkeiten geeignet erscheinen, fragen wir den Besitzer um Erlaubnis. Er wird meist nichts dagegen haben, dass die Ziegen aufräumen. Ich habe so bei uns im Dorf viele Stücke angeboten bekommen, die ich gar nicht alle nutzen konnte.

Nun kann man dort nicht überall einen Elektrozaun einsetzen, deswegen muss man die Ziegen an solchen Stellen tüdern. Dazu nimmt man eine ungefähr 5 Meter lange Kette (ein Seil würde sie durchknabbern), die man mit Wirbel und Karabinerhaken am Halsband befestigt. Das andere Ende wird mit einem ausreichend starken Metallpflock gehalten, der in die Erde gerammt wird. Die Kette darf nach oben hin nicht abrutschen können und muss sich am Pflock frei drehen lassen, damit sie sich nicht aufwickelt. Die Ziege gewöhnt sich schnell an diese Einschränkung. Der Pflock wird jeden Tag umgesteckt, um ihr frisches Futter zu bieten, und um die Verwurmungsgefahr möglichst gering zu halten. Im Radius der Kette darf kein Buschwerk stehen, damit die Ziege sich nicht strangulieren kann.

Auch ich benutze manchmal die Kette. Am Pflockende der Kette ist ein leichter (evtl. halbierter) alter Autoreifen befestigt, den ich nur über den bereits gesteckten Pflock zu legen brauche. Die Kombination Kette-Autoreifen, diesmal ohne Pflock, bewährt sich auch gut auf schlecht eingezäunten Wiesen oder für Ziegen, die dauernd ausreißen wollen. Sie schleift den Reifen hinter sich her und dieser bleibt im Zaun hängen, wenn sie hinübergesprungen ist.

Es gibt auch die Möglichkeit, die Kette statt an einem Pflock an einem starken Laufdraht zu befestigen, der zwischen zwei Bäumen (höher als die Ziege) gespannt wird. Das erweitert zwar den Radius der angebundenen Ziege, aber diese Konstruktionen reißen meist sehr schnell, wenn sie nicht stabil genug gebaut sind.

Zuletzt soll noch das gelegentliche Hüten erwähnt werden. Sei es ein kurzer Spaziergang oder ein ausgedehnter Nachmittag, es ist ein herrliches Erlebnis und kann entspannender als mancher Urlaub sein. Außerdem ist es eine ausgezeichnete Gelegenheit, das Verhalten der Ziegen zu studieren. Mein Tipp für Leute, die Zeit haben.

Die Fütterung im Sommer

Bei ausreichender Wiese und gutem Wetter füttere ich den Ziegen fast gar nichts zu, damit sie die Weide gründlich ausnutzen. Nach dem Melken kommen sie raus. Ich muss dabei gestehen, dass ich lange schlafe, deswegen spät melke und die Ziegen erst draußen sind, wenn der Morgentau bereits verschwunden ist. Das ist wichtig, denn wenn sie sich hungrig mit taunassem Gras voll fressen, besteht die Gefahr der Pansenüberblähung. Eine alte Hirtenregel lautet: »Hüte nie vor Tau und Tag.«

In den Übergangszeiten Frühjahr und Herbst, wenn der Tau sich länger hält, und auch bei regennasser Wiese brauchen die Tiere im Stall Gelegenheit, **Raufutter** (Heu, Futterstroh) zu fressen und sollten nicht hungrig auf die Wiese kommen. Dadurch vermeidet man die Pansenblähung.

Der Raufuttertrog ist bei mir also ständig gefüllt und zwar möglichst mit Haferstroh, was sie gerne fressen. Die Reste dienen als Einstreu. So wandert die gesamte Einstreu erst einmal durch den Trog. Heu mögen sie im Sommer nicht, solange draußen frisches Gras wächst. Wir dürfen uns deshalb nicht wundern, wenn sie die Kostprobe vom besten, neuen Heu verschmähen, im Winter werden sie dankbarer sein.

Bei ganztägigem Weidebetrieb erhalten Ziegen, die in Milch stehen, abends **Kraftfutter**. Tiere, die viel leisten, oder wenn die Wiese nicht genug hergibt, erhalten auch morgens eine kleinere Portion. Hafer ist als Kraftfutter am besten geeignet. Er hat einen hohen Rohfasergehalt und

hochwertiges Eiweiß. Allgemein wird Quetschhafer verfüttert, ich gebe meinen Ziegen aber meist die ganzen Körner, weil ich der Meinung bin, dass sie diese als Wiederkäuer genügend aufschließen. In der Natur finden sie auch nur ganze Samenkörner vor. Hafer kauft man am billigsten in der Erntezeit beim Bauern direkt vom Hänger. Es lohnt sich, den Jahresbedarf einzulagern, allerdings braucht man wegen der Mäuse eine gute Katze, die jeden Winkel am Lagerplatz erreichen kann. Im Laufe des Winters steigen die Preise bei den Futtermittelhändlern, so dass man im Februar/März oft fast das Doppelte bezahlen muss.

Die Höhe der einzelnen Kraftfuttergaben hängt von der Leistung, dem Ernährungszustand und der Wiese ab. Ich gebe einer Milchziege im Sommer höchstens 1 Pfund am Tag, meistens jedoch weniger. Bei Jungziegen, die noch nicht gedeckt sind, muss man mit Kraftfutter sehr zurückhaltend sein, damit sie nicht verfetten.

Bevor die Ziegen abends in den Stall kommen, wird das Kraftfutter verteilt, der Wassereimer frisch gefüllt, ebenso die Zweigklemme und der Raufuttertrog. Ein Salzleckstein (kupferfrei!) hängt ständig an der Wand. So vorbereitet eilen die Ziegen zielstrebig heim.

Die Dauer des Weidegangs halte ich bei trockenem Wetter möglichst lange, gerade abends fressen die Ziegen noch mal besonders viel. Häufig liest man, dass ein zu ausgedehnter Weidegang zu einer Minderung der Milchleistung führt. Ich habe das bei meiner Art der Haltung noch nicht beobachtet. Bei schlechtem Wetter allerdings hole ich die Ziegen früher rein, wenn sie keinen Unterstand haben. Bei starkem Dauerregen und bei Kälte lasse ich sie mitunter sogar drinnen. Dann muss im Stall gefüttert werden.

Dazu mähe ich ihnen mit der Sense frisches **Grünfutter**, pro Ziege mindestens eine gute Schubkarre voll. Geeignet sind Wiesenschnitt, Brennnesseln, saubere Garten- oder Gemüseabfälle, Laubzweige. Es sollte möglichst wenig vom gewohnten Futter abgewichen werden. Gereicht wird es ihnen im Raufuttertrog, in der Raufe oder auf einem breiten Futtertisch. Sie werden nicht alles davon fressen, der Rest wandert auf den Kompost oder Misthaufen.

In der Einstreu sind Grünfutterreste nicht günstig, weil sie feucht sind und faulen, wenn sie zertreten werden.

Das Grünfutter sollte nach Möglichkeit trocken sein (rechtzeitig mähen) und darf nicht zu lange und nicht auf ebener Erde gelagert werden, sonst erhitzt es sich. Bei regen- oder taunassem Futter wählt die Ziege mehr aus und frisst weniger. Wir können das auch auf der Wiese beobachten. Schlechte Futteraufnahme beeinträchtigt die Aktivität der Pansenflora. Dadurch gibt dieser weniger Wärme ab und die Ziege beginnt zu frieren. Deshalb sollten wir die Tiere bei zu schlechtem Wetter wenigstens ins Trockene holen.

Eine Futterumstellung darf nie plötzlich, sondern muss immer allmählich erfolgen. Das ist besonders im Frühjahr und Herbst zu beachten. Die Frühjahrswiese ist sehr eiweißhaltig, ein plötzliches Übermaß führt zu Verdauungsstörungen. Wir gewöhnen die Ziege langsam daran und stellen reichlich Raufutter zur Verfügung. Im Herbst beginnen wir rechtzeitig zuzufüttern, mit zunächst kleineren Portionen.

In den Sommermonaten haben wir Gelegenheit, für die Wintervorräte zu sorgen. Falls eigene Heuwerbung nicht ausreicht oder möglich ist, bieten wir einem Bauern Mithilfe gegen Heu oder einen günstigen Heupreis an. Er ist häufig dankbar dafür, denn zum Pressen herrscht allgemein Arbeitskräftemangel. Auf gleiche Weise kann man billig an Stroh und Futterrüben gelangen. Einige Futterpflanzen können wir im Garten anbauen, beispielsweise Markstammkohl und Steckrüben. Beides wirkt milchtreibend.

Unser Nachbar baute für uns regelmäßig auf einigen Quergewenden seiner Zuckerrübenfelder Runkelrüben an. Das waren für ihn uninteressante Flächen. Er sparte sie beim Spritzen aus, wir hackten sie und ernteten, bevor er die Zuckerrüben rausholte. Trecker und Hänger stellte er uns dafür zur Verfügung. Wir halfen später beim Kartoffelsortieren, wo wiederum Futterkartoffeln anfielen. Auch das Rübenblatt haben wir zum Teil verfüttert.

Wenn eingangs dieses Abschnittes von Kraftfutter die Rede war, so seien hier noch ein paar Worte zu den im Landhandel käuflichen **Kraftfuttermischungen** gesagt. Diese Mischungen enthalten sicher alles, was ein Tier braucht, doch leider hat es sich erwiesen, dass sie mitunter noch einiges mehr enthalten können. Wir alle wissen: BSE hätte sich nie in dem bekannten Maße ausgebreitet, wenn den Futtermischungen für Rinder nicht das Tiermehl BSE-erkrankter Tiere zugefügt worden wäre! Allein die Tatsache Pflanzenfressern Tiermehl vorzusetzen, ist eine Perversion sondergleichen. Offiziell darf nun kein Tiermehl mehr den Futtermischungen für Rinder zugesetzt werden. Aber kann man den Herstellern trauen? Zu oft hören wir weiterhin von kontaminiertem Futter. Werden Futtermischungen für Ziegen ebenso kontrolliert wie Futtermischungen für Rinder? Es bleiben viele Zweifel. Und: Es finden auch Industrieabfälle ihren Weg in die Futtermittelmischungen, ja manchmal kann man sogar den Eindruck gewinnen, dass Giftmüll übers Tierfutter »entsorgt« wird, wobei letztlich das Tier oder gar der Mensch zum Endlager wird! Ich brauche hier keine konkreten Fälle aufzuzählen, wer nur regelmäßig die Nachrichten beobachtet, wird feststellen, dass solche Skandale viel zu häufig auftreten. Dann werden gentechnisch veränderte Getreide, Bohnen und anderes angebaut, um in Futtermischungen verarbeitet zu werden, undeklariert, und unklar bleiben die Folgen für Tier, Mensch und Umwelt. Um es kurz zu machen: Ich lehne die fertigen, käuflichen Futtermischungen prinzipiell ab, solange die Kontrollen zur Herstellung nicht wesentlich verschärft angewendet werden, und solange nicht eine detaillierte Deklaration der Bestandteile und deren Herkunft zwingend vorgeschrieben ist. Wir brauchen Aufklärung bis ins letzte Detail, um unsere Zweifel zu nehmen, und wir brauchen wieder Vertrauen in die Futtermittelindustrie. Derzeit scheint mir das noch ein langer Weg zu sein. Einzig die Hersteller biologischer Futtermittel sorgen für mehr Aufklärung und verdienen daher mehr Vertrauen. Persönlich verzichte ich völlig auf fertige Futtermischungen und verwende, wie bereits erwähnt, ausschließlich Hafer im ganzen Korn. Hafer ist ein heimisches Getreide, er braucht nicht importiert zu werden, und man benötigt auch im konventionellen Anbau nur wenig Spritzmittel und wenig Kunstdünger, um ihn gedeihen zu lassen.

Die Fütterung im Winter

Ich will hier keinen wissenschaftlich entwickelten Fütterungsplan aufstellen, der die Futterzusammenstellung analysiert und uns damit vor schwierige Rechenaufgaben stellt. Es geht auch einfacher. Die Ziege weiß recht genau, was sie braucht und wenn ihr eine Vielfalt zur Verfügung steht, wird sie sich die richtige Mischung selbst zusammenstellen. Ein ständiges Raufutterangebot gleicht unausgewogene Eiweiß-Stärke-Verhältnisse aus und verhindert dadurch Verdauungsstörungen. Wir müssen der Ziege die Wahl lassen.

Gefüttert wird im Winter morgens und abends. Die Kraftfuttergaben liegen etwas höher als bei der Sommerfütterung, Saftfutter und besonders Raufutter wird so reichlich vorgelegt, damit die Ziegen über Tag und Nacht verteilt fressen können.

Die **Wassereimer** werden zweimal täglich gefüllt, eventuell mit leicht »verschlagenem« Wasser – eiskaltes Wasser trägt bei Kälte nicht gerade zum Wohlbefinden bei. Es darf aber nur sehr mild temperiert sein, damit die Tiere abgehärtet bleiben.

Ein **Salzleckstein** steht ständig zur Verfügung. Wenn das Futter einseitiger wird, können wir zusätzlich einen **Mineral-Leckstein** aufhängen oder pulverisierte **Mineralstoffmischungen** mit verfüttern, die man am zweckmäßigsten über einen Teil des Saftfutters streut, damit sie nicht in die Luftröhre gelangen, pro Tier einen guten Esslöffel pro Tag. Geeignet sind alle Minerale und Salzlecksteine, die auch für Schafe bestimmt sind. Ein großer Teil der benötigten Minerale und Vitamine wird gedeckt, wenn wir eine Vielfalt an Zweigen, Ästen und Trieben zur Verfügung stellen. In Frage kommen alle Arten von Obstbäumen, Esche, Eiche, Linde, Birke, Weide, Ahorn, Ulme, Erle, ungiftige Beerensträucher und sicher einige mehr. Besondere Leckerbissen in der blattlosen Zeit sind Efeu und Zweige von Kiefern, Fichten und Tannen. Abwechslung ist wichtig, ein Übermaß mancher Sorten kann abführend wirken.

Als **Saftfutter** dienen uns in erster Linie Steckrüben, Runkelrüben und, in kleineren Mengen, Futterkartoffeln. Die erdigen Teile sollten nach Möglichkeit entfernt werden. Entweder drehen wir sie durch eine Rübenmühle in daumengroße Schnitzel oder wir verfüttern sie ganz. Im letzten Fall höhlt die Ziege die Rübe säuberlich aus, zurück bleibt die Schale, die wir an Schweine oder Karnickel verfüttern oder zum Kompost tun. Die Rüben rollen, wenn die Ziege sie bearbeitet, deswegen müssen sie in einem geeigneten Trog angeboten werden. Pro Mahlzeit geben wir einer Ziege zwei größere Rüben.

Rüben und Kartoffeln bieten noch nicht die erwünschte Vielfalt. Zusätzlich verfüttern wir saubere Gemüseabfälle aus der Küche. Fragen kann man auch in Gemüseläden oder an Gemüseständen auf dem Wochenmarkt. Dort fallen oft brauchbare Abfälle an, die wir kostenlos erhalten. Daraus entwickeln sich meist regelmäßige Futterquellen. Natürlich müssen wir diese Abfälle sorgfältig sortieren, die Ziege ist kein Mülleimer.

Prinzipiell gilt: Angefaultes, Verschimmeltes oder anderweitig Verdorbenes darf nicht verfüttert werden. Behandeltes Obst (Südfrüchte, Äpfel mit gewachster Schale) muss ebenfalls aussortiert werden. Eventuell zerkleinern wir die Gemüsereste, die Ziege kann nicht abbeißen, nur zupfen.

Auf dem Dorf ergibt sich oft die Gelegenheit, nach der Ernte Zuckerrüben und Mais nachzusammeln. Zuckerrüben sind für Ziegen ungeeignet, weil daraufhin die Milchleistung nachlässt. Auch Mais würde ich nur sehr sparsam verfüttern. Die Maiskolben werden nach dem Sammeln von ihrer äußeren Hülle befreit, damit sie nicht schimmeln. Wir haben die Hülle wie bei einer Banane zurückgestreift und sie dann an Holzbalken angetackert, damit die Kolben trocknen können. Doch meist bekommen die Hühner den Mais.

Trockenschnitzel mit geringem Zuckergehalt (energieaufwendiges Abfallprodukt der Zuckerindustrie) können im Notfall in Frage kommen, wenn das normale Saftfutter gegen Winterende knapp geworden ist. Ich denke, dass es gesünder ist, wenn die Schnitzel zwölf Stunden in Wasser eingeweicht werden, als wenn sie im Bauch der Ziege quellen. Zwei Hände Trockenschnitzel ergeben eingeweicht einen knappen halben Eimer voll, den wir einem Tier pro Mahlzeit geben können. Alle Futtermittel, aber besonders Trockenschnitzel sind stets so zu lagern, dass sie von den Tieren nicht erreicht werden können, für die immer gefräßigen Ziegen hätte das sonst tödliche Folgen.

Silage verfüttere ich meinen Tieren nur äußerst ungern. Richtig bereitet mag sie ein hochwertiges Futter sein, und der Rohmilch merkt man sie kaum an. Verarbeitet man diese Milch jedoch zu Käse, bekommt dieser einen so penetranten Geschmack, dass er fast ungenießbar ist. Nach unseren Erfahrungen wirkt sich Silagefütterung noch drei Wochen später negativ auf die Käsequalität aus. Wenn also die Produktion beginnen soll, muss man Silage rechtzeitig vom Futterplan streichen.

Besondere Bedeutung hat die Heuqualität bei der Winterfütterung. Erstklassiges Heu ist durch nichts zu ersetzen. Wir bieten der Ziege so viel an, wie sie will.

Die Fütterung tragender Tiere wird im Kapitel »Tragzeit« beschrieben.

Pflegearbeiten

Klauenschnitt

Im ursprünglichen Lebensraum der Ziege nutzen sich die **Klauen** auf den Felsen schnell ab. Folglich ist das Horn entsprechend hart und wächst zügig nach. Unsere Hausziegen haben dagegen wenig Gelegenheit, die Klauen kurz zu halten: Stall und Wiese haben einen weichen Untergrund, die Bewegungsmöglichkeiten sind, besonders beim Tüdern, eingeschränkt. Wenn wir die Klauen nicht regelmäßig kontrollieren (alle drei Monate) und das überstehende Horn im Bedarfsfall zurückschneiden, kommt es zu Verwachsungen, die die Ziege beim Laufen beeinträchtigen und die Entstehung von Infektionen begünstigen. Das Horn der äußeren Klauenwand wächst nämlich über den Sohlenrand hinweg und biegt sich unter der Last der Ziege um. Zwischen Sohle und umgeklappter Hornwand entsteht ein Hohlraum, in dem sich Mist, Erde und Steine ansammeln, ein idealer Nährboden für Infektionserreger. Im Extremfall rollt sich das Horn zu schnabelartigen Tüten, die Tiere können die Klauen nicht mehr normal aufsetzen und werden durchtrittig. Je stärker diese Verformungen sind, desto schwieriger und zeitaufwendiger wird das Zurückschneiden. Doch so weit sollten wir es gar nicht erst kommen lassen.

Zur Vorbeugung kontrolliert man die Klauen wirklich alle Vierteljahre. Dazu kratzt man mit einem Messer vorsichtig die Seitenwände und die Sohle sauber und wenn die Hornwand über die Sohle hinausgewachsen ist, schneidet man jede Wand mit einer kräftigen Schere (Rosenschere) vom Ballen zur Spitze hin auf das Sohlenniveau zurück. Man kann dafür auch ein scharfes Messer (Hufmesser) nehmen, doch besteht mit der Schere weniger Gefahr, ins »Leben« zu schneiden. Geschnitten wird also nur das Horn! Verletzungen »Leben«-führender Partien der Klauen bluten stark und heilen schwer. Krankheitserreger im Boden können ungehindert eindringen. Sollten wir doch einmal zu tief geschnitten haben, wird die Wunde desinfiziert und, wenn möglich, mit einer Klauenpaste verschlossen.

Ich schneide meinen erwachsenen Ziegen die Klauen im Stehen. Das geht ganz gut, wenn sie in einer Ecke angebunden werden. Die Beine dürfen natürlich nur im Rahmen der Gelenkradien bewegt werden. Die Tiere gewöhnen sich bald daran und strampeln dann kaum noch.

Bei Lämmern sollte man mit der Klauenkontrolle möglichst früh beginnen, damit die Sohlen sich nicht zu schmal entwickeln. Zum Schneiden legen wir sie am besten auf den Rücken und nehmen den Kopf in den Schoß. Für den Anfänger ist eine zweite Person vorteilhaft, die die Ziege hält, denn unsere Unerfahrenheit verlängert die Prozedur und überfordert dann die Geduld der Tiere.

Unsere Ziegen haben in ihrem Tiefstall einen steinernen Sims, auf dem sie gerne entlang klettern. Das macht sich deutlich beim Klauenschnitt bemerkbar, ich brauche sie wesentlich seltener zu schneiden. Wir können den Ziegen also Gelegenheiten zum Abnutzen ihrer Hufe bieten, indem wir ihnen in Stall, Auslauf oder Wiese steinerne Flächen einrichten.

Wurmkur

Auf die Gefahren und Abläufe der Verwurmung bin ich bereits im Zusammenhang mit dem Weidewechsel ausführlicher eingegangen. Trotz der Einteilung in Portionsweiden ist es ratsam, zweimal im Jahr gezielte Wurmkuren durchzuführen. Und zwar einmal vor dem Weideaustrieb im Frühjahr, damit die Wiese nicht gleich mit Wurmeiern infiziert wird und dann ein zweites Mal vor dem Aufstallen im späten Herbst zu Beginn der Tragzeit.

Es gibt dafür beim Tierarzt Medikamente in Pillen-, Pasten- oder flüssiger Form. Wenn ich zur Chemotherapie greifen muss, bevorzuge ich die Pillen. Dazu gibt es einen Eingebestab, mit dem man die Tablette der Ziege hinter die Zungenwurzel legt, so dass sie sie nicht wieder ausspucken kann.

Man muss aber nicht immer gleich zu den harten Drogen greifen. Ziegen, die sich hauptsächlich von Büschen und Bäumen ernähren, sind kaum einer Verwurmungsgefahr ausgesetzt. Wenn man die Zeitabstände beim Weidewechsel einhält, ist das Risiko ebenfalls verringert. Praktisch treten bei einer ziegengerechten Haltung nur wenige Probleme mit Würmern auf. Deshalb reicht es meistens, wenn wir den Tieren wurmtreibende Pflanzen vom Gabentisch der Natur anbieten. Dazu zählen: Rainfarn, Wermut, Knoblauch und die Nadeln von Kiefer, Fichte und Tanne. Mit Rainfarn habe ich gute Erfahrungen gemacht. Er wird mehrere Tage hintereinander zur Verfügung gestellt, die Ziege bedient sich, wenn sie ihn braucht. (Auch andere Kräuter frisst sie gern, allerdings nur, wenn ihr Instinkt ihr sagt, dass sie sie benötigt.) Außerdem gibt es noch ein pflanzliches Wurmpulver, das sehr zu empfehlen ist, und ein homöopathisches Mittel, ihre Anwendung wird auf Seite 147 beschrieben.

Wenn man auf die harten Wurmkuren verzichten will – meist entstehen Wartezeiten für die Verwendung der Milch – so muss man die Ziege besonders aufmerksam beobachten. Es gibt allerdings keine zuverlässigen Anzeichen, die eine leichte Verwurmung erkennen lassen. Nur wenige Wurmarten sind mit bloßem Auge im Kot sichtbar. Die zuverlässigste Methode ist eine Kotuntersuchung im Labor. Über die Möglichkeiten dazu informiert jeder gute Tierarzt, das ist regional verschieden und mitunter sogar kostenlos.

Besonders verheerend wirkt sich die Verwurmung bei Lämmern aus, sie kann bis zum Todesfall führen. Vorbeugend lässt man die Lämmer bei getrennter Haltung immer zuerst auf ein neues Stück Wiese, die Muttertiere weiden nach. Lämmern sollte man entweder öfter wurmtreibende Pflanzen anbieten oder, bei Gefährdung, im Alter von vier Monaten die erste Wurmkur verabreichen.

Das Melken

Melken ist leichter als man zunächst meint. Viele Erwachsenen gehen viel zu verklemmt an das Organ Euter heran, sie denken dabei zu schnell an die weibliche Brust. Die meisten Kinder sind da weitaus weniger vorbelastet, bei den ersten Versuchen bekommen sie meist schon Milch heraus. Wir sollten also sehen, dass wir möglichst unbefangen unser Lernen beginnen.

Zunächst schauen wir erst einmal, wie die Lämmer saufen. Haben sie die Zitze im Maul, stoßen sie recht kräftig gegen den Euterboden und beginnen dann erst zu trinken. Dieses Stoßen löst bei der Ziege einen Reflex aus, durch den sie die Milch hergibt oder – wie wir sagen – fallen lässt. Lässt der Milchstrom nach, stoßen die Lämmer erneut.

Ganz so grob wie die Lämmer brauchen wir nicht vorzugehen. Aber das Prinzip ist das gleiche. Zu Beginn massieren wir das Euter gründlich mit beiden Händen von der Schenkelbeuge abwärts. Die Erschütterung reicht meist schon zum Fallenlassen der Milch aus. Wir nennen das »Aufrüsten«. Bei Tieren, die die Milch trotzdem noch zurückhalten, schlägt man mit der flachen Hand leicht zwischen die Zitzen gegen den Euterboden. Das ahmt das Stoßen der Lämmer nach.

Nun fassen wir mit jeder Hand einen Strich und schnüren zunächst mit Daumen und Zeigefinger am Zitzenansatz ab (bei sehr prallem Euter müssen wir tiefer fassen). Dieses Abschnüren darf nicht zu zaghaft sein, damit die Milch beim nun folgenden Ausdrücken nicht nach oben, sondern nach unten entweicht. Die Handbewegung direkt vor dem Abschnüren ist leicht aufwärts der Milch entgegen. Wir schnüren die Zitze also ab und können nun in der Hand die Milch spüren, wie etwa Wasser in einem Luftballon. Wenn wir dafür ein Gefühl bekommen, können wir die Milch ohne Anstrengung herauspressen. Hierbei wird nicht an den Strichen gezogen!

Ist eine Handvoll ausgemolken, greift die andere Hand auf der anderen Seite die Zitze, schnürt ab und presst die Milch aus. Die Hände verlieren nicht den Kontakt zu den Strichen, sondern melken in stetem Wechsel, bis der Milchfluss nachlässt. Nun wird wieder nachgerüstet und weiter gemolken. Dies wiederholt man, bis das Euter entspannt und leer wirkt. Diese Art des Melkens nennt man Fausten, alle anderen Arten des Handmelkens (Herausstreichen, Strippen, Knebeln) schädigen das Eutergewebe.

Als Anfänger kann man die Melkbewegung der einzelnen Finger auch trocken üben, indem man statt der Zitze einen Finger der anderen Hand nimmt.

Ziegen, die sich nicht melken lassen wollen, halten die Milch zurück. Wir müssen häufiger rüsten, um sie zu überlisten. Eine Ziege, die sich bereitwillig melken lässt, steht entspannt da, spreizt mitunter leicht die Beine, streckt uns das Euter entgegen und käut genüsslich wieder. Der letzte Rest im Euter ist besonders fetthaltig. Es ist wichtig, dass wir die Ziege morgens und abends gründlich ausmelken.

Ich halte es für sinnvoll, dass das Melken von vornherein mit beiden Händen gelernt wird. Es geht schneller und das abwechselnde Melken ist für den Innendruck des Euters vorteilhafter als das einseitige. Wir setzen uns dazu entspannt auf einen niedrigen Melkschemel (kleine Fußbank oder ähnliches), parallel und dicht an die Ziege, so dass wir die Arme nicht recken müssen. Auf diese Weise haben wir die Möglichkeit, mit Schulter und Ellbogen, der unter der Ziege liegt, diese noch etwas zu korrigieren, falls sie unruhig wird und sich bewegen will. Die Ziege steht am besten in einer Ecke an der Wand. Bei den ersten Versuchen werden wir sie am Halsband dort anbinden, später wird sich das erübrigen. Weil sie unsere Hände noch nicht gewohnt ist und wir uns am Anfang sicher noch ein wenig ungeschickt anstellen, wird sie mit den Hinterbeinen schnell unruhig werden. Deswegen müssen wir bereit sein, die Melkschale blitzschnell wegzuziehen, bevor sie umkippt. Manchmal werden Ziegen auch von hinten gemolken. Ich halte das aber für unpraktisch, weil

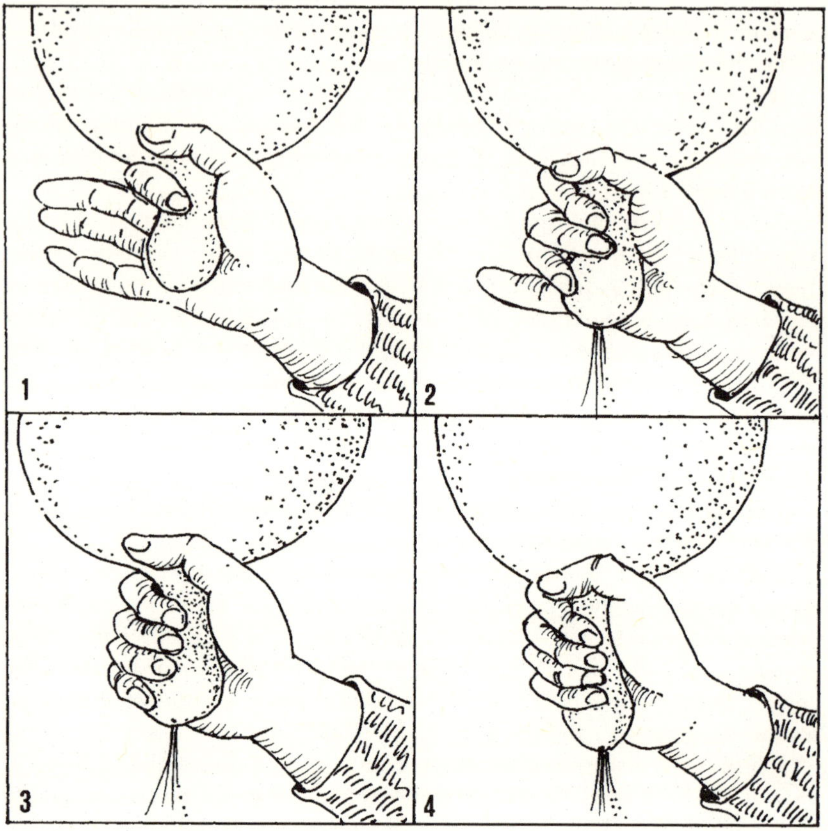

wir sie nicht so leicht dirigieren können und sie uns und die Milch leicht anscheißen können.

Mitunter ist man unsicher, ob man die Zitzen auf der richtigen Höhe fasst. Ziegen haben unterschiedliche Euterformen, die Striche sind nicht immer deutlich abgesetzt. Ausschlaggebend sollte das Gefühl sein, wie man nach dem Abschnüren die Milch in der Hand spürt. Manche Tiere haben zu kleine Striche oder ein so pralles Euter, dass wir nicht mit der ganzen Hand melken können. Dann wird die Milch nur mit ein oder zwei Fingern ausgepresst, statt mit dreien. Das dauert natürlich länger. Auch der Milchkanal kann verschieden dick sein, bei einigen Tieren kommt mit Anstrengung nur ein sehr dünner Strahl, bei anderen mühelos ein kräftiger heraus. Flascheneuter haben häufig sehr dicke Striche, die wir kaum fassen können. Hierbei ist es besonders wichtig, dass wir kurze Fingernägel haben, damit die Zitzen nicht verletzt werden.

Das Euter sollte stets sauber sein. Verschmutzungen entfernen wir mit einem Lappen und lauwarmem Wasser. Bei trockener Haut oder kleineren Verletzungen können wir beim Aufrüsten Melkfett oder pflanzliches Euterbalsam einmassieren.

Zu Beginn des Melkens lassen wir die ersten Milchstrahlen über die Handfläche laufen und gucken, ob die Farbe und Konsistenz normal ist. Kleine Klümpchen brauchen, wenn sie nur selten auftreten, kein Grund zur Besorgnis zu sein. Die Brunst kann die Struktur der Milch etwas verändern, so dass diese Butterklümpchen entstehen. Sollten sie den Milchkanal verstopfen, werden sie vorsichtig massierend zerdrückt. Aber das passiert nur sehr selten. Wichtig bleibt trotzdem, dass gründlich ausgemolken wird. Flockige Milch deutet dagegen auf eine Euterentzündung hin (siehe S. 149).

Nachdem wir nun gesehen haben, wie man selber das Melken erlernt, will ich noch kurz darauf eingehen, wie es eine Ziege lernt, die noch nie gemolken wurde. Zunächst gewinnen wir viel, wenn wir die Ziege möglichst früh an unsere Hand gewöhnen und ihr dabei auch hin und wieder ans Euter fassen. Währenddessen treten wir ihr ruhig gegenüber, sprechen sie leise an und belohnen sie mit Zärtlichkeiten oder Leckerbissen. Beim Griff an das Euter wird sie aber meist weiterhin einen entsetzten Luftsprung machen.

Wenn es nun ernst wird, binden wir sie in einer Ecke kurz an, oder eine zweite Person hält sie am Halsband und beruhigt sie. Bei der von mir beschriebenen Melktechnik können wir sie mit der Schulter leicht gegen die Wand drücken und auch mit dem Ellbogen und Arm fast hochheben. So eingeengt bleibt sie meist schon ruhiger stehen. Wenn alles nicht hilft, halten wir ein Hinterbein fest und melken mit einer Hand.

Ist das Euter ziemlich prall gewesen, wird die Ziege hinterher eine Erleichterung verspüren. Das Melkenlernen ist für beide Seiten – Mensch und Tier – anstrengend, aber nach einigen Tagen akzeptiert sie uns und bleibt ruhiger stehen. Wir dürfen dabei nie die Nerven verlieren, das erschwert die Sache nur. Irgendwann werden wir feststellen, dass wir die Ziege nicht mehr anzubinden brauchen, sie stellt sich bereitwillig an ihren gewohnten Platz.

Viele Ziegenhalter melken ihre Tiere auf einem Melkstand. Das ist eine erhöhte Ebene (man braucht sich nicht so zu bücken), auf der die Ziege meist während des Melkens ihre Kraftfutterration bekommt. Zum

Fressen steckt sie den Kopf durch eine Öffnung, die sie am Zurücktreten hindert (siehe auch »Fressgitter«, S. 62). Manchmal kann diese Öffnung von oben geschlossen werden, so dass sie wie in einem Pranger festsitzt. Ich bin bisher ohne einen Melkstand ausgekommen und halte es auch für unvorteilhaft, während des Melkens zu füttern. Keine Ziege frisst, wenn die Lämmer saufen. Normalerweise käut sie wieder. Wir melken die Ziegen immer am selben Platz und mehrere Tiere immer in der gleichen Reihenfolge. Dann wissen sie genau, wann sie dran sind und wohin sie gehen sollen.

Vor dem Melken ist frisches Einstreuen und alles, was Staub aufwirbelt zu vermeiden. Sauberkeit ist im Umgang mit Milch eine Grundbedingung, es gilt, die Keimzahlen so gering wie möglich zu halten.

Der Zeitraum zwischen dem Melken sollte nach dem Absetzen der Lämmer erst einmal ziemlich genau zwölf Stunden betragen. Wenn wir eines Tages dann den Eindruck haben, das Euter ist nicht mehr so prall – die Milchleistung lässt etwas nach – dann können wir diesen Zeitraum etwas variieren.

Die Fortpflanzung

Gedanken zur Zucht

Seit Ende des 19. Jahrhunderts gibt es in Deutschland verbandsmäßig organisierte Ziegenzüchter. Die Verbände legen Zuchtziele fest, beraten bei Zuchtmaßnahmen, beurteilen Ziegen, organisieren Schauen und einiges mehr. Sie führen **Herdbücher**, in die vom Verband züchterisch betreute Ziegen eingetragen werden. Voraussetzung ist: Abstammung von Herdbuchtieren und Übereinstimmung mit den Zuchtzielen. Es gibt aber auch Vor-Herdbücher für Tiere ohne Herdbuchabstammung. Meist können die Enkel dieser Ziegen dann ins Herdbuch aufgenommen werden. Bei Eintragung in dieses Buch werden die Tiere mit einer Ohr-Tätowierung gekennzeichnet.

In den letzten Jahren haben in den Ziegenzuchtverbänden erfreuliche Entwicklungen stattgefunden. Mit den Zuchtzielen strebte man früher zu einer Hochleistungsziege, hat aber inzwischen erkannt, dass diese auch recht empfindlich ist, denn sie stellt besondere Ansprüche an die Haltungsform und auf kleinste Fehler reagiert sie schnell mit Unpässlichkeiten.

Nach den heutigen Zuchtzielen sind zwar große, kräftige Tiere erwünscht, aber was die Milchleistung angeht, akzeptiert man heute eine um 10 % geringere Milchmenge wie noch vor wenigen Jahren. Außerdem sind horntragende Ziegen heute in der Herdbuchzucht erwünscht, wo man früher noch als alleiniges Ziel hornlos anstrebte (zu den Problemen bei der Zucht genetisch hornloser Ziegen siehe S. 17). Der Trend geht also zur robusten Ziege, was recht vernünftig ist und von uns seit Langem gefordert wurde. Auch robuste Ziegen können ansprechende Leistungen bringen, erfreuen ihren Halter aber auch durch Vitalität und vor allem Gesundheit.

Bockhaltung

Über die Eigenarten von Böcken ist bereits einiges im Kapitel »Bockverhalten« (S. 22) zu lesen. Vor dem Hintergrund der tückischen CAE-Erkrankung (siehe S. 145) und dem Bemühen, den eigenen Ziegenbestand CAE-frei zu halten, gehen immer mehr Ziegenhalter zur künstlichen Besamung über, um jegliches Risiko auszuschließen. Man erkundigt sich rechtzeitig beim örtlichen Ziegenzuchtverband oder Tierarzt über die Modalitäten.

Da jede fremde Ziege oder jeder fremde Bock den Virus in sich tragen kann, ist es nicht mehr so einfach wie früher, wo man beim Heißwerden der Ziege schnell mal mit dieser zum nächsten Bock gefahren ist, um sie bespringen zu lassen. Ich selber habe mit meinen Tieren den Status CAE-unverdächtig erlangt und bringe sie auch nur noch in Kontakt mit Tieren von Haltern, denen ich absolut vertrauen kann und deren Tiere ebenfalls diesen Status erhalten haben. Alle anderen Ziegenhalter weise ich zurück. Allgemein ist derzeit ein Klima entstanden, wo Ziegen zum Decken nicht gerne angenommen werden, was im Hinblick auf die CAE-Erkrankung verständlich sein dürfte.

So bleibt die Überlegung, selbst einen Bock zu halten. Zunächst bedenken wir: Bei nur wenigen Ziegen ist er nicht ausgelastet. Er kann am Tag mehr als zehnmal decken, man rechnet einen Bock auf 50 Ziegen. Früher hat man deswegen und aus Kostengründen gerne Ziegen anderer Halter zum Decken angenommen, was aber heute wegen CAE entfällt. Ferner muss ein Bock wegen der möglichen Blutsverwandtschaft meist aus einer entfernteren Gegend geholt werden und er muss ebenfalls aus einem CAE-freien Bestand kommen. Das sind alles Umstände, die eigentlich gegen die Haltung eines eigenen Bockes sprechen, es sei denn man hat einen entsprechend großen Bestand an Ziegen.

Bei einer kleineren Ziegenhaltung kann man aber auch wie folgt vorgehen: Man sieht zu, dass man sich mit anderen Ziegenhaltern aus der näheren Umgebung anfreundet, die ebenfalls den Status CAE-unverdächtig erhalten haben. Im Frühsommer oder Sommer tauscht man dann mit ihnen ein früh geborenes Bocklämmchen oder man kauft ihnen eines ab. Dieses Bocklamm sollte unseren Wunschvorstellungen entsprechen und darf mit unseren eigenen Ziegen nicht verwandt sein. Zum Deckzeitpunkt im Herbst wird dieses Bocklamm bereits alt genug sein, um seine Arbeit bei unserem kleinen Ziegenbestand zu verrichten. Selbst wenn es körperlich noch nicht ganz ausgewachsen ist: Wir waren immer wieder erstaunt darüber, dass selbst kleine Ziegenböcke es schaffen, große Muttertiere erfolgreich zu decken. Hat sich nach gut drei Wochen gezeigt, dass unsere Ziegen nicht mehr heiß werden, so hat alles geklappt und wir können darüber nachdenken, den Jungbock zu schlachten. Wie bereits erwähnt, sind Jungböckchen nach der ersten Decksaison durchaus noch genießbar, wir warten noch wenige Wochen, bis sich der Geruch Richtung Winter wieder etwas gelegt hat. Besonders wenn das Fleisch vor dem Zubereiten mariniert wird, merken wir ihm keinerlei Bockaroma an. Erst das Fleisch von Böcken über einem Lebensjahr fängt an penetrant zu werden, wenn nämlich der Markierungsgeruch langsam jede Muskelfaser durchdrungen hat.

Zur eigentlichen Bockhaltung: Ein Bock erhält etwas weniger Futter als die Ziegen, wir würden ihn sonst mästen. Das gilt besonders für das Kraftfutter, wovon er wenig nur kurz vor und während der Decksaison bekommt. Er ist im Futter recht genügsam. Während der Deckzeit müssen wir häufiger frisches Wasser geben, er trinkt viel, und es ist schnell mit Markierungsurin verunreinigt.

Der Vorschlag, sich ein fremdes, gesundes Jungböckchen zum Decken zu holen (und es hinterher zu verzehren), wird die Ziegenzuchtverbände nicht unbedingt entzücken. Eigentlich sollten gekörte Böcke zum Einsatz kommen, und wer gerne Ziegen züchten möchte, dem will ich auch nichts anderes raten. Allerdings wird man hier auf künstliche Besamung zurückgreifen müssen, sofern man keinen problemlosen Zugang zu einem gekörten Bock aus einem zuverlässig CAE-unverdächtigen Bestand hat. Die

Anschaffung eines gekörten Böckchens für nur eine Decksaison lohnt sich nicht, denn es ist verhältnismäßig teuer. Besonders wenn es anschließend als Braten auf dem Tisch landen soll.

Nun höre ich den Aufschrei: Künstliche Besamung, ist denn das artgerecht? Ich meine, wir haben oft keine andere Wahl. CAE ist für alle Beteiligten unangenehmer, und wir können unserer Ziege kaum etwas besseres antun, als ihr den CAE-unverdächtigen Status zu erhalten, indem wir jedes Risiko einer Ansteckung vermeiden. Da wird sie uns die künstliche Besamung schon verzeihen. Und vielleicht schaffen wir es ja eines Tages auch wieder, dass CAE aus unseren Breitengraden erfolgreich verdrängt wird ...

Die Deckzeit

Es ist unübersehbar, wenn die Ziege heiß ist. Ihr Verhalten ist unruhig, sie meckert viel (bis hin zum Schreien) und wackelt mit dem Schwanz hin und her. Diese Symptome beginnen allmählich und steigern sich deutlich im Verlauf von einem Tag. Sollte man trotzdem unsicher sein, so fasst man der Ziege mit beiden Händen an die Lenden, dort wo der Bock beim Sprung die Vorderbeine aufsetzt. Der Druck unserer Hände löst während der Brunst das Schwanzwackeln aus. Wird nebenbei ein Bock gehalten, wendet sich die Ziege ihm eindeutig zu. Andere Erkennungszeichen wie Anschwellen der Schamlippen und Schleimbildung sind nicht zuverlässig und können auch andere Ursachen haben.

Die Brunst dauert zwei bis drei Tage. Der Eisprung erfolgt in der letzten Phase der Brunst, wenn die Ziege das Aufspringen des Bocks erlaubt und dabei stehen bleibt. In dieser Zeit ist es mitunter schwierig, sie zum Laufen zu bewegen, gerade dann, wenn wir sie möglicherweise zum Bock bringen wollen. Zur Not heben wir ihren Hinterleib an, die Vorderbeine wird sie dann benutzen.

Über den richtigen Zeitpunkt für den Deckakt herrscht oft Unsicherheit, da man nicht unbedingt weiß, wann die Brunst wirklich begonnen hat und wie lange sie noch anhält. Am sichersten klappt es, wenn die Ziege etwa zwölf Stunden nach Feststellung des Brunstbeginns gedeckt wird. Zum Einfluss des genauen Deckzeitpunkts auf das Ergebnis der Geburt – weiblich, männlich oder Mehrlinge – gibt es viele Spekulationen, denen ich mich nicht anschließen möchte.

Das Liebesspiel der Ziegen ist faszinierend zu beobachten. Sie brauchen genügend Platz, um sich frei bewegen zu können. Dieses Umwerben und Animieren, die Zärtlichkeiten und die Erregung, ich bin jedes Mal aufs Neue überrascht. Jede Ziege und jeder Bock liebt anders. Man kann den Bock übrigens durchaus öfter als einmal aufspringen lassen, wenn die Ziege es will und der Bock nicht gerade überlastet ist.

Hat keine Befruchtung stattgefunden, wiederholt sich die Brunst im fast regelmäßigen Drei-Wochen-Rhythmus. Dadurch können wir den Geburtstermin steuern, falls die Lämmer zu einer späteren Zeit kommen sollen, etwa wenn keine große Kälte mehr im Stall zu erwarten ist.

Selten kommt es vor, dass eine Ziege bereits befruchtet wurde und danach wieder heiß wird. Dann können wir erst am Geburtstermin sehen, welches der eigentliche Decktermin war. Wenn die Ziege also mehrmals brünstig und jedes Mal beim Bock war, müssen wir zum ersten möglichen Lammtermin bereit sein und mit einer Geburt rechnen.

Die Hauptbrunstzeit beginnt im Herbst (evtl. schon Anfang September) und setzt bei allen Ziegen verschieden ein, mitunter erst im Winter. Die Anwesenheit eines Bockes wirkt anregend, ebenso das Verfüttern von Sellerie oder eines Brunstpulvers auf Kräuterbasis (siehe Bezugsquellen). Die Brunstrhythmen wiederholen sich mehrere Male, häufig bis ins nächste Jahr, wenn keine Befruchtung erfolgt. Eine zweite Brunstsaison beginnt im Frühjahr und dauert bis in den Sommer. Wir haben also die Möglichkeit, den Zeitpunkt der Lammung zu bestimmen. Schon bei zwei Ziegen können wir die Termine so einrichten, dass wir das ganze Jahr ohne Unterbrechung melken können.

Frühjahrslammungen, wenn die größte Kälte vorbei ist, sind die schönsten. Die Lämmer können bald ins frische, saftige Gras. Sie haben für ihre Entwicklung die besten Voraussetzungen und sind daher besonders auch für die Nachzucht geeignet. Die Ziege gibt nach einer Frühjahrsgeburt viel schmackhafte, gehaltvolle Milch. Herbstlämmer haben dagegen schlechte Voraussetzungen, und allzu viel Milch können wir beim Melken im Winter nicht erwarten.

Zum Schluss noch die Frage, in welchem Alter wir die Jungziege zum Bock lassen. Ziegen sind sehr früh geschlechtsreif. Mit fünf bis sieben Monaten, unter Umständen früher, werden sie bereits das erste Mal heiß, in diesem Alter sind sie aber noch recht klein. Bei Trächtigkeit verlangsamt sich das Wachstum des Muttertiers und wird später beinahe ganz eingestellt. Zu früh gedeckte Ziegen bleiben also Zwerge. Und: Die Geburten bei zu kleinen Muttertieren verlaufen meistens schwer, besonders, wenn ein bulliger Bock bei ihnen war. Wir müssen Jungziegen also unbedingt davor bewahren, zu früh gedeckt zu werden. Im Allgemeinen werden sie frühestens mit neun Monaten zum Bock gelassen. Ich neige dazu, diesen Zeitpunkt sogar noch später anzusetzen, aber das hängt vom Entwicklungsstadium der betreffenden Ziege ab.

Gewarnt sei noch davor, Jungziegen zu gut zu füttern, weil man vielleicht das Wachstum vorantreiben will. Das Körperfett wird bei Ziegen zu fast der Hälfte in Körperhöhlungen eingelagert, d. h., Organe, wie auch die Gebärmutter, werden im Fett regelrecht erdrückt. So kommt es häufig vor, dass verfettete Jungziegen nicht aufnehmen.

Tragzeit

Die Trächtigkeit dauert bei Ziegen etwa 150 – 152 Tage (Extreme 146 – 156 Tage), das sind knapp fünf Monate. Bei Zwergrassen ist die Tragzeit bis zu zehn Tage kürzer.

Mit fortschreitender Trächtigkeit lässt die Milchbildung langsam nach. Etwa sechs Wochen vor der Geburt sollte die Ziege trockenstehen. Diese Pause benötigt sie unbedingt. Entweder ist die Milch schon vorher so stark zurückgegangen, dass sie sich fast selbst trockengestellt hat oder wir helfen dabei nach. Dazu überspringen wir bei nicht zu vollem Euter einen Melktermin und melken die Ziege nur noch einmal am Tag. Das Euter muss allerdings trotzdem jedes Mal gründlich ausgemolken werden. Falsch wäre es, öfters nur ein wenig abzumelken, um dem Euter den Druck zu nehmen. Das regt die Milchbildung an!

Wir überspringen also einen Melktermin und versuchen möglichst zügig, immer seltener zu melken. Das Euter muss dabei natürlich gut beobachtet werden, im Bedarfsfall fetten wir es. Nach wenigen Tagen sollte die Milchmenge so gering sein, dass wir ein letztes Mal gründlich ausmelken und die Zitzenöffnung mit etwas Melkfett verschließen, damit keine Keime eindringen können. Keine Sorge: Die geringe Menge Milch, die sich jetzt noch nachbildet, wird resorbiert.

Eine wesentliche Unterstützung zum Abmelken ist die Fütterung. Vorübergehend erhält die Ziege kein Kraftfutter mehr, nur mageres Heu oder Stroh, das Saftfutter wird möglichst reduziert. Dies gilt allerdings nur für einen kurzen Zeitraum.

In den ersten drei Monaten der Tragzeit sind die Nährstoffansprüche des Embryos gering, eine zusätzliche Fütterung ist also nicht notwendig. In den letzten zwei Monaten der Tragzeit steigt der Nährstoffbedarf dann an. Gedeckte Jungziegen und trockengestellte Mutterziegen erhalten nun das gleiche Futter. Mit Kraftfutter wird sehr sparsam umgegangen und es erübrigt sich sogar, wenn eine Vielfalt anderer Futtermittel zur Verfügung steht. Ausschlaggebend ist die Qualität des Grundfutters.

Zum Ende der Trächtigkeit vermeiden wir blähendes Futter und geben möglichst kein eiskaltes Wasser. In der Woche vor der Geburt können wir die Ziege langsam wieder an das Kraftfutter gewöhnen, damit sich die Pansenflora entsprechend umstellt.

Zu hohe Kraftfuttergaben während der letzten Phase der Tragzeit bewirken sehr kräftige Lämmer und damit schwere Geburten. Das ist besonders für Jungziegen zu beachten.

Günstig für den Trächtigkeitsverlauf und leichte Geburten sind: Viel Bewegung und trotzdem Ruhemöglichkeiten, gegebenenfalls Trennung von anderen Ziegen, bestes und vielseitiges Futter, wenig Kraftfutter, ein für Ziegen geeigneter Mineralleckstein sollte angeboten werden.

Gute Erfahrungen haben wir mit dem Verfüttern von Leinsaat gemacht, wir sollten drei Wochen vor der Geburt langsam damit beginnen. In der letzten Woche erhält die Ziege pro Mahlzeit eine knappe Handvoll. Leinsaat wirkt schleimbildend und schafft dadurch gute Voraussetzungen für eine leichte Geburt.

Wurmkuren sollte man in der zweiten Hälfte der Tragzeit nicht mehr durchführen, auch die Klauen werden früher geschnitten.

Geburt, Geburtslagen und -hilfen

Es ist jedes Mal ein spannender Moment, wenn die Geburt naht. Den 146. Tag der Trächtigkeit haben wir im Kalender vermerkt. Ab diesem Tag sind wir besonders aufmerksam und achten auf frische Einstreu.

Sichere Anzeichen für den genauen Geburtszeitpunkt gibt es nicht, obwohl wir feststellen, dass das Euter bereits gewachsen und angeschwollen, die Schamgegend weicher, weiter und durchbluteter ist und die Lämmer sich gesenkt haben. Meist sucht die Ziege einen Zeitpunkt aus, zu dem im Stall gewohnheitsmäßig Ruhe herrscht. In der kalten Jahreszeit haben wir beobachtet, dass sie meist morgens gebärt, damit die Lämmer ihre ersten Lebensstunden im tagsüber wärmeren Stall erleben können.

Die sichtbare Vorbereitung und Geburtseröffnung dauert selten drei bis vier Stunden, erfahrene Ziegen brauchen dafür oft weniger als eine Stunde. Die Ziege hört auf zu fressen, sondert sich ab, legt sich oft und kurz nieder, entleert Darm und Blase. Die Scheide schwillt an, zähflüssiger Schleim tritt aus. Sie leckt Schwanzgegend und Euter und meckert in der typischen Art, in der sie später das Lamm ruft.

Wenn wir das Glück haben, die sichtbare Geburtsvorbereitung mitzubekommen, verhalten wir uns ruhig und stören die Ziege nicht. Wir dürfen nicht vergessen: Die meisten Lämmer werden ohne irgendeine Hilfe geboren und Lamm und Mutter sind hinterher wohlauf. Unsere eigene Aufregung dürfen wir nicht in den Stall tragen. Hektik, laute Geräusche und fremde Personen stören die Geburt. Wir verhalten uns so zurückhaltend wie möglich und überwachen die Geburt aus einer entfernten Ecke, wo die Ziege uns vielleicht nicht so wahrnimmt.

Nun folgt die eigentliche Geburt. Die Wehen beginnen, die Fruchthüllen treten aus und die äußere platzt, die ersten Körperteile des Lamms werden sichtbar. Zum Verständnis: Das Lamm wächst in einer mit Schleim gefüllten Fruchthülle heran. Diese Fruchthülle befindet sich in einer weiteren, die mit gelblich-braunem Fruchtwasser gefüllt ist. Es ist weit verbreitet, aber völlig falsch, diese Fruchthüllen absichtlich zu sprengen. Sie helfen bei der Öffnung des Geburtsweges. Auch die etwas zähere, innere Fruchthülle sollte möglichst unversehrt bleiben, nur dann hilft sie, die Unebenheiten des Lammes auszugleichen und den Druck auf den Geburtsweg gleichmäßig zu verteilen. Für das Lamm besteht keine Gefahr, Fruchtwasser einzuatmen oder in der Fruchthülle zu ersticken. Allerdings ist es durch die innere Fruchthülle hindurch mitunter schwierig, die herausragenden Körperteile und ihre Lage zu identifizieren. Trotzdem – zunächst Finger weg!

Die innere Fruchthülle platzt mit dem zunehmenden Druck der Wehen, der das Lamm umgebende Schleim ist ein hervorragendes Gleitmittel. Im Normalfall (siehe S. 99, Abb. A) sieht man die beiden Vorderklauen (Sohle nach unten) und einen Teil der Vorderbeine mit draufliegendem Kopf, der noch nicht ganz frei sein muss. Die Wehen sind jetzt sehr kräftig und folgen schnell aufeinander. Beim Aufkommen einer starken Wehe legt die Ziege sich auf die Seite, stemmt ihren Körper mit aller Kraft gegen den Boden und unterstützt auf diese Weise das Austreiben. Bei den Presswehen stöhnt sie und kann auch laut schreien. Kein Grund zur Beunruhigung. Wenn jetzt der Kopf noch nicht ganz durchgetreten ist, verlieren viele Ziegenhalter die Nerven. Gerade bei Jungziegen werden wir den Eindruck haben, dass der Kopf in der Scheide stecken bleibt. Es ist aber normal, dass bei ihnen die Geburt etwas länger dauert, es ist ein schweres Stück Arbeit, bis die Geburtswege zum ersten Mal richtig geweitet sind.

Eine Hilfe wäre im Moment noch fehl am Platz, sie würde eher dem Gewebe von Gebärmutterhals und Scheide schaden. Solange Wehen regelmäßig folgen und auch nur kleinste Fortschritte in der Austreibung zu erkennen sind, verläuft die Geburt normal. Das Schwierigste ist der Austritt des Kopfes an seinem weitesten Umfang, über den Augen. Ist das geschafft, tritt meist eine kleine Pause ein. Mit einigen weiteren Wehen ist das Lamm geboren. Die Ziege steht auf, dabei reißt mitunter erst die Nabelschnur. Sie begrüßt ihr Lamm mit einem einzigartigen Meckern und beginnt es trocken zu lecken.

Bei einer Mehrlingsgeburt entsteht meist eine Pause, in der das zweite Lamm in den Geburtsweg eintritt. Es kann sich in derselben inneren Fruchthülle befinden wie das erste Lamm oder sich in einer eigenen entwickelt haben. Die Geburt der weiteren Lämmer erfolgt normalerweise rasch und ohne Komplikationen.

Auch beim Folgenden brauchen wir nicht einzugreifen: Die Mutter leckt die Lämmer trocken, kürzt dabei den Nabel ein, nimmt auch Schleim vom Boden auf. Die Lämmer schütteln den Kopf, niesen Geburtsschleim aus, machen erste Aufstehversuche. Sie rufen, taumeln noch benommen zum Euter, die Mutter stubst sie mit der Nase in die richtige Richtung, leckt ihnen beim Trinken das Hinterteil. Ich bin jedes Mal bei solch einer Geburt tief beeindruckt, wie souverän eine Ziege ist. Das Lecken regt Kreislauf und Verdauung der Lämmer an, der aufgenommene Schleim wirkt für die Ziege gebärmutterzusammenziehend und nachgeburtlösend.

Die erste Milch nennt man Biestmilch oder Kolostralmilch. Für die Lämmer ist es lebenswichtig, dass sie davon möglichst bald und ausreichend trinken. Der Gehalt der wertvollen Abwehrstoffe (Antikörper) geht schon einige Stunden nach der Geburt zurück, und die Lämmer können diese Stoffe nur in den ersten Stunden aufnehmen und verwerten.

Die Neugeborenen brauchen eine Weile, bis sie die Zitze richtig im Maul haben und trinken. Aber wenn sie das Euter aus eigener Kraft gefunden haben, können wir davon ausgehen, dass sie genug Biestmilch getrunken haben. Schwierigkeiten können sehr dicke Striche verursachen, die sie schwer ins Maul bekommen (evtl. etwas abmelken, damit die Striche entspannter sind). Nach dem Trinken werden die Lämmer benommen dastehen oder vor Erschöpfung in einen wohlverdienten Schlaf fallen.

Die Bindung von Mutter und Lämmern erfolgt in den ersten Stunden nach der Geburt. Vor allem bei Mehrlingen und bei Jungziegen ist es wichtig, dass sich diese Beziehung ungestört aufbauen kann. Wenn wir nach dieser Idealgeburt unbedingt in den Stall wollen (ich mache es auch immer), dann am besten, bevor die Lämmer sich zur Ruhe legen. Wir können ihnen den Nabel desinfizieren, vorsichtig frisch einstreuen und das Euter der Mutter kontrollieren, eventuell auch säubern.

Hängen noch Häute aus der Scheide, hat sich die Nachgeburt noch nicht gelöst. Das ist nicht weiter schlimm, es geschieht manchmal erst nach einigen Stunden. Die meisten Ziegen fressen die Nachgeburt auf. Wir sollten sie daran nicht hindern, auch Wildziegen tun das. Häufig wird befürchtet, dass dadurch Verdauungsbeschwerden entstehen können. Ich habe das noch nicht beobachtet oder konkret gehört. Liegt die Nachgeburt allerdings unangerührt im Stall, entfernen wir sie.

Komplikationen

Zu Geburtskomplikationen kommt es wirklich selten, wenn Ziegen ihrer Art gemäß gehalten werden. Bei reiner Stallhaltung und wenig Bewegung dagegen verkehrt sich das Verhältnis.

Rechtzeitig vor einer nahenden Geburt sollte man sich für den Notfall um einen Tierarzt kümmern, der sich mit Ziegen und Schafen auskennt. Das ist nicht immer einfach, die meisten befassen sich heute nur noch mit Schweinen und Rindern. Ich habe es sogar schon erlebt, dass ein Tierarzt einer schwierigen Ziegengeburt so hilflos gegenüberstand, dass er zum Schlachten riet. Es gibt aber durchaus Tierärzte, die mit den kleinen Wiederkäuern Erfahrung haben. Manche sind sogar bereit, im Notfall einen Kaiserschnitt zu machen – was übrigens nicht teurer ist als der Preis eines Lammes, ganz zu schweigen vom Wert des Muttertiers.

Empfehlenswert ist auch die rechtzeitige Anschaffung von zwei Lämmersaugern, für den Fall, dass die Mutter stirbt oder wir die Lämmer wegen zerbissener Striche absetzen müssen. Diese Sauger können über normale Pfandflaschen gestülpt werden. Wenn man mehrere Ziegen hat, kann man etwas eingefrorene Biestmilch bereithalten.

Grundsätzliches: Der Austritt eines Lammes kann in der Regel bis zu zwei Stunden dauern. Keine Unruhe verbreiten. Fruchthüllen nicht sprengen! Bei Normallage (Abb. A) wird das Lamm durch die Nabelschnur noch versorgt, auch wenn es noch halb heraushängt. Solange die Wehen kräftig und nur kleinste Fortschritte zu sehen sind, ist Hilfe nicht nötig. Bei länger dauernder Geburt ist der Schleim herausgepresst, der Geburtsvorgang wird dadurch erschwert. Man muss ein Gefühl entwickeln, wann man helfend eingreift. Bei jeder Hilfe ist auf peinliche Sauberkeit, besonders der Hände, zu achten. Es dürfen keine Keime in die Gebär-

A) Normallage, ein Lamm

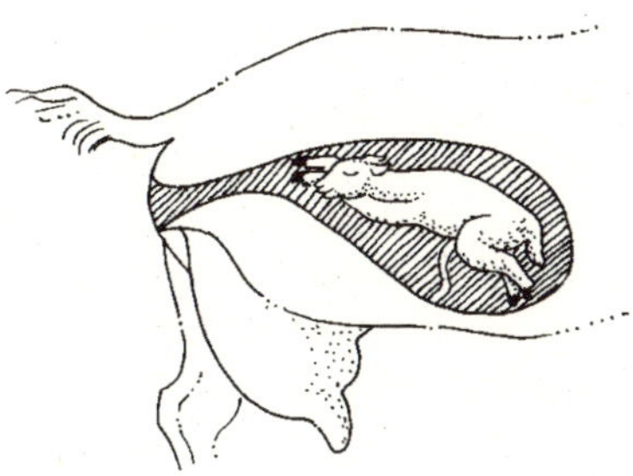

B) Normallage, Zwillinge

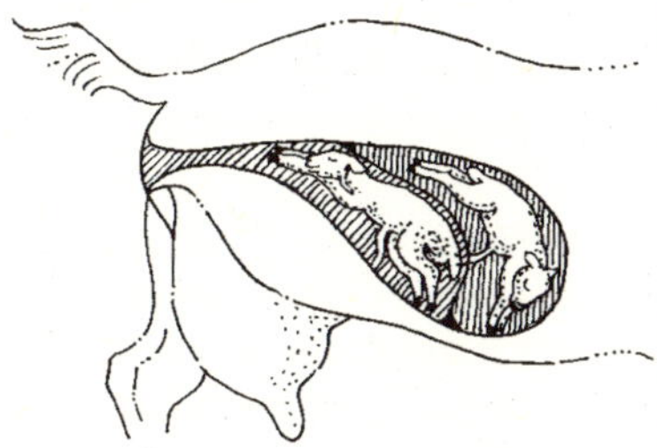

C) Hinterendlage

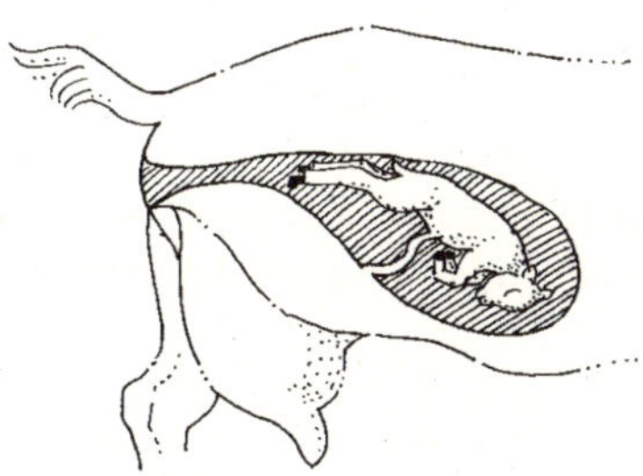

D) Kopf vorn,
Vorderbeine zurückgewinkelt

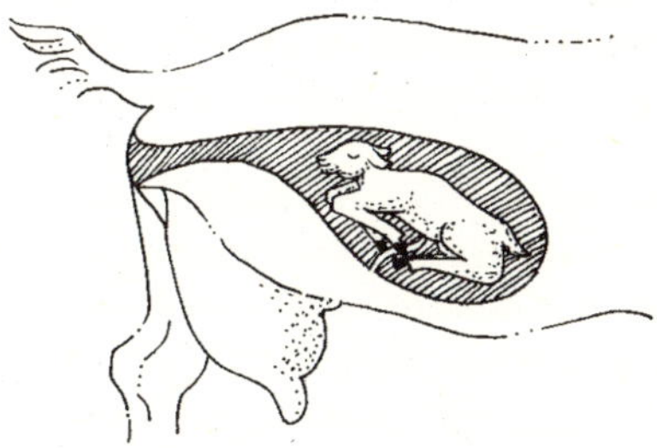

E) Kopf vorn, ein
Vorderbein zurückgewinkelt

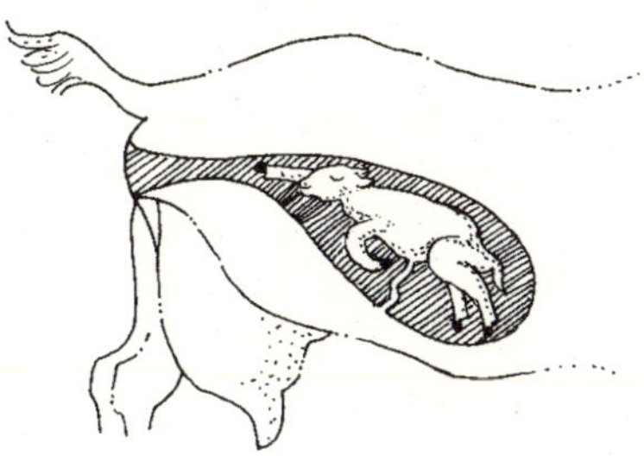

F) Vorderbeine vorn,
Kopf zurückgewendet

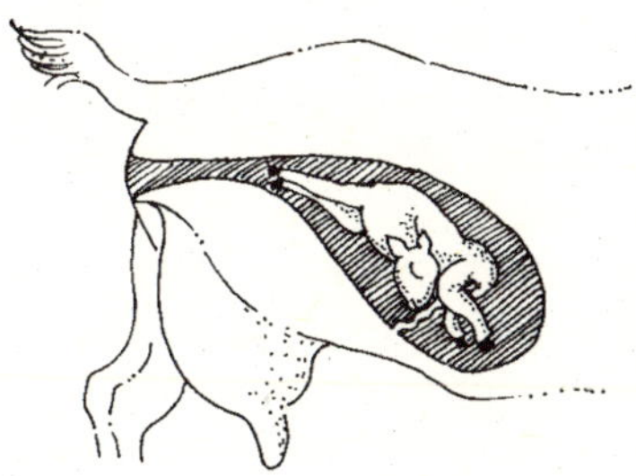

mutter oder in Nase und Maul des Lammes eindringen. Bestehen Zweifel, ob das Lamm am Leben ist, kann man mit dem Finger leicht zwischen die Klauen drücken, das löst einen Bewegungsreflex aus. Totgeburten sind sehr selten.

Hilfe Normallage:

Wenn erstgebärende Ziegen noch sehr klein sind, wird der Austritt des Kopfes tatsächlich Schwierigkeiten bereiten. Gibt es über den Zeitraum von einer halben Stunde keinen Fortschritt, versucht man, die straffe, dünne Haut der Schamlippen (kann mit Speiseöl eingerieben werden) mit beiden Händen gegen den Kopf des Lammes zu drücken. Das Lamm herausziehen darf man nur, wenn man sicher ist, dass es mit gestreckten Vorderbeinen und Kopf richtig liegt, wenn genug Zeit zur Weitung der Geburtswege vergangen ist und wenn die Wehenkraft nicht stark genug erscheint. Gezogen wird nur mit der Wehe, niemals in der Wehenpause! Man drückt mit einer Hand von oben gegen die Schamlippen und den Damm (verhindert Einreißen und Scheiden- sowie Gebärmuttervorfall), mit der anderen zieht man mit mäßiger Kraft abwechselnd an den Beinen in leichter Abwärtsbewegung. Niemals am Kopf ziehen! Mitunter sind die Beine nicht vollständig gestreckt. Auf alle Fälle wird es jetzt vorangehen.

Haben wir durch das Ziehen ein deutliches Hindernis überwunden, warten wir besonders bei Erstgeburten, wie es sich weiterentwickelt, bevor wir weiter helfen. Hilfsmittel zum Ziehen verwenden wir nicht. Mit unserer Kraft müssen wir sehr gefühlvoll umgehen. Das Gewebe der Geburtswege ist äußerst empfindlich, Risse und Quetschungen sind schmerzhaft und können bleibende Schäden hervorrufen.

Wenn wir unsicher sind oder unsere Versuche nicht zum Erfolg führen, rufen wir den Tierarzt. Er wird kommen, auch wenn es spät in der Nacht ist – das ist sein Beruf.

Hilfe Hinterendlage (Abb. C):

Sichtbar nur zwei Beine, Sohle nach oben, Klauenspitze nach unten. In der Regel ist keine Hilfe nötig, man muss nur darauf achten, dass die Geburt zügig verläuft, da in dieser Lage der Nabel schnell reißt oder eingeklemmt wird. Das löst die Atmung aus und das Lamm atmet Fruchtwasser ein.

Korrekturbedürftige Lagen:

Bei folgenden Lagen sollten wir den Tierarzt holen. Nur der Kopf erscheint, beide Vorderbeine sind nach hinten gebeugt (Abb. D). Der Tierarzt wird den Kopf in der Wehenpause zurückdrücken und die Lage korrigieren. Ähnlich wird er bei den Lagen E und F verfahren. Ziehen führt hier nicht zum Erfolg!

Einem Laien rate ich davon ab, ein Lamm im Mutterleib korrigieren zu wollen. Man kann die Körperteile nur ertasten, und man bleibt sich unsicher darin, was man gerade ertastet. Die Gliedmaßen sind rutschig und schwer zu fassen. Während der Wehen herrscht im Geburtsgang ein enormer Druck, der einen selber schnell in Panik versetzten kann, zumindest ist er für einen selber schmerzhaft. Es muss steril und mit Gleitmittel gearbeitet werden, die Verletzungsgefahr der Geburtswege ist groß.

Auch bei anderen Lagen oder wenn man den Eindruck hat, dass etwas nicht stimmt, holt man sofort den Tierarzt. Wie gesagt: Nach Einsetzen der starken Wehen müssten die ersten Körperteile bald sichtbar werden.

Die Nachgeburt:

Eine schwere Geburt kann dazu führen, dass die Nachgeburt nicht abgeht. Die heraushängenden Fruchthüllen kürzen wir auf ein handbreites Stück ein. Beim Hinlegen gleiten die Eihäute in die Scheide zurück und nehmen sonst unnötig viel Schmutz mit. Ein Herausziehen der Nachgeburt hat wenig Erfolg und birgt Gefahren. Ist die Nachgeburt nach zwölf Stunden noch nicht abgegangen, rufen wir den Tierarzt, der der Ziege ein Mutterkornpräparat spritzen wird.

Probleme nach der Geburt

Erstgebärende Ziegen wissen mit ihren Lämmern manchmal nicht sofort etwas anzufangen. Sie wirken überrascht oder sogar erschreckt. Wir können das noch nasse Lamm mit etwas Hafer überstreuen (kein Salz!) und ihr zum Ablecken vorlegen. Wir lassen ihr dabei Zeit, damit sie sich langsam an ihren Nachwuchs gewöhnen kann. Später können wir das Lamm zusätzlich trockenreiben.

Wenn es im Stall sehr kalt ist und die Geburt verlief schwer, kann es vorkommen, dass die Lämmer kaum alleine aufstehen oder gehbehindert wirken. Wir reiben sie nochmals ab (kreislaufanregend) und setzen sie ans Euter. Wir schieben ihnen die Zitze ins Maul, damit sie auf alle Fälle Biestmilch aufnehmen. Sie werden mehrmals täglich angesetzt, bis wir sicher sind, dass sie das Euter alleine finden. Lämmer, die sich sträuben, wenn wir sie ansetzen wollen, sind nicht etwa dumm, sondern bereits satt. Meistens haben sie inzwischen das Euter alleine gefunden.

Versorgung nach der Geburt

Spätestens nach der Geburt beginnt die Euterkontrolle. Haben alle Lämmer genügend Biestmilch getrunken und das Euter erscheint uns zu prall, müssen wir etwas abmelken (kann für Notfälle eingefroren werden), aber nicht leer melken. Wir kontrollieren das Euter jetzt täglich. In den ersten Tagen kann es durchaus sein, dass wir die Ziege erleichtern müssen. Die Milch der ersten fünf Tage verwenden wir nicht für den Eigenbedarf (abfallender Biestmilchgehalt). Die Anfangsmilch kann etwas blutig sein, dann ist im Drüsengewebe ein Äderchen geplatzt (nicht schlimm).

Wenn die Lämmer größer werden, müssen wir darauf achten, dass die Striche nicht zerbissen werden. Beobachten wir das, so trennen wir die Lämmer von der Mutter. Diese wird dann regelmäßig gemolken und die Wunde desinfiziert. Euterverletzungen von ungestümen Lämmern sollte man nicht leichtfertig hinnehmen. Sie führen häufig zu langwierigen Infektionen, die nachher mit Antibiotika behandelt werden müssen. Das Melken kann sehr unangenehm werden, weil die Wunde jedes Mal aufbricht. Trotzdem gründlich, aber vorsichtig mit desinfizierten Händen ausmelken.

Ist nur ein Lamm geboren, trinkt es meist nur auf einer Seite. Die andere Euterseite melken wir regelmäßig, sobald wir die Lämmerseite herausgefunden haben. Dadurch verhindern wir eine schiefe Euterbildung und haben später zwei vollwertige Seiten.

Bei Drillingen kommt ein Lamm am Euter immer zu kurz. Das zeigt sich besonders, wenn sie größer werden und mehr Milch pro Mahlzeit trinken. Eventuell werden wir mit der Flasche zufüttern müssen, besonders, wenn es ein bestimmtes Lamm ist, das immer zu kurz kommt. Wegen der Drängelei am Euter ist die Gefahr größer, dass die Striche zerbissen werden. In diesem Fall müssen alle drei sofort abgesetzt werden.

Am Tage nach der Geburt bieten wir der Ziege nur leichtverdauliche Kost an und geben ihr frisches, »verschlagenes« Wasser. In den nächsten Tagen steigern wir das Futter allmählich auf die Ration, die sie als vollmelkendes Tier erhält.

Für etwa zehn Tage geben wir ihr noch weiter eine Handvoll Leinsaat. Dadurch geht der Putz besser ab – so nennt man die dem Wochenfluss entsprechenden Nachblutungen.

Den Lämmern verklebt oft von der ersten Milch Scheide und After. Falls die Ziege es nicht abgeleckt hat, versuchen wir es vorsichtig abzuwischen. Dieser schwarze Kot (Darmpech))wird nachher so hart, dass wir ihn nur mühsam lösen können.

Aufzucht der Lämmer

Wir lassen die Lämmer nach Möglichkeit zehn bis zwölf Wochen bei der Mutter. Das ist der beste Start für sie. Nach nur wenigen Tagen beginnen sie spielerisch Heuhalme zu knabbern, bald darauf fressen sie mit. Etwa zu diesem Zeitpunkt lassen wir sie bei schönem Wetter mit ihrer Mutter zum ersten Mal ins Freie, allerdings nur kurz, sie müssen sich langsam daran gewöhnen.

Wenn sie fit genug sind und munter umherspringen, können wir sie mit den anderen Tieren wieder zusammenlassen, falls sie getrennt waren. Haben

wir mit den Lämmern noch Großes vor, bauen wir ihnen ein Absperrgitter mit einem Lämmerschlupf, durch den die erwachsenen Ziegen nicht hindurch passen. In der Lämmerabteilung bieten wir ihnen zusätzlich Grünfutter, gutes Heu und bald auch etwas Kraftfutter an, das allerdings gerollt oder geschrotet sein sollte.

Schließlich kommt der schmerzliche Moment der Trennung von der Mutter. Beide Parteien sind verzweifelt, trauern und klagen und schreien. Das sind die schlimmsten Augenblicke in der Ziegenhaltung. Die Lämmer sind bald heiser. Nach etwa vier Tagen haben sie ihren Schmerz hoffentlich vergessen, sie müssen aber weiterhin getrennt bleiben. Die Mutter wird jetzt sorgfältig gemolken.

Die Trennung ist das Problem bei der Lämmeraufzucht. Im Extremfall habe ich es erlebt, dass zwei Lämmer ihre Mutter nach drei Monaten noch wiedererkannt haben, über den Zaun sprangen und sie leer tranken.

Am günstigsten ist es, wenn man Lämmer, die man großziehen will, vorübergehend mit jemandem tauscht. Zur Deckzeit holt man sie zurück. Die Pensionslämmer können mit der Mutterziege laufen, sie wird sie nicht trinken lassen.

Sollen die Lämmer verkauft werden (meist sind es die weiblichen), arrangiert man das rechtzeitig vor dem Absetzen. Eine kleine Anzahlung macht den Verkauf sicher. Es macht am wenigsten Arbeit und Umstände, das Lamm vom Euter der Mutter weg einem neuen Besitzer zu übergeben.

Sind die Lämmer zum Schlachten bestimmt (in der Regel die Böckchen), dann tut man es entweder zum Termin des Absetzens oder einige Monate später. Im ersten Fall ist an ihnen noch nicht viel dran, dies sind die bekannten Osterlämmer, ein zartes Festessen, aber nichts für die Vorratshaltung. Im zweiten Fall haben wir die oben beschriebenen Probleme der Extrahaltung, können aber je nach Alter mehr Fleisch erwarten.

Das Wachstum erfolgt in mehreren Phasen. Direkt nach dem Absetzen tritt zunächst ein kurzer Wachstumsstop ein, danach gibt es verschiedene Schübe, in denen die Ziegen in die Höhe oder Länge wachsen. Das werden wir auch schon in der Zeit des Säugens beobachtet haben.

Der günstigste Zeitpunkt zum Schlachten liegt – von der Fleischmenge her gesehen – im Herbst, wenn die Wiese nichts mehr hergibt. Früh im Jahr geborene Lämmer bringen dann schon einige Kilo auf die Waage. Von einer Mastfütterung im Stall, wie es bei Schafen üblich ist, halte ich nichts. Das ist bei Ziegen unrentabel, denn sie setzen in erster Linie Fett in ihren Körperhöhlungen an, welches wir kaum verwerten können.

Im Herbst geborene Lämmer schlachtet oder verkauft man direkt nach dem Absetzen. Ein Aufziehen wird teuer, und sie entwickeln sich nicht so schön, weil die Bedingungen im Winter schlechter sind. Zieht man Böckchen über den Sommer auf, entsteht ein neues Problem: Schon in den ersten Tagen bespringen sie andere Lämmer, mit fünf Monaten (manchmal früher!) sind sie geschlechtsreif. Bleiben die Böckchen unter sich, ist das nicht tragisch, allerdings kann man dafür nicht garantieren, wenn brünstige Ziegen in der Nähe sind. Ihr Fleisch schmeckt im gleichen Jahr noch vorzüglich, selbst wenn sie schon anfangen zu stinken.

Sollen aber gleichzeitig weibliche Lämmer mit aufgezogen werden oder stehen Ziegen in der Nähe, werden wir die Böckchen kastrieren müssen. Bis zu einem Alter von vier Wochen ist der Vorgang zwar noch ohne Betäubung zulässig, nach neuen Erkenntnissen ist das Schmerzempfinden in diesem Alter aber bereits ebenso präsent wie bei einem reiferen Tier. Deshalb sollten auch Jungtiere nur unter Betäubung kastriert werden, und zwar von einem Fachmann, wie dem Tierarzt. Eine unter Betäubung operative Entfernung der Hoden ist allen anderen Methoden vorzuziehen. Die immer noch praktizierte Abquetschung der Samenstränge mit einer speziellen Zange oder das Anlegen eines Gummiringes, der zum langsamen Absterben der Hoden führt, sollten nicht mehr angewendet werden, weil die Schmerzen länger anhalten, als man bislang geglaubt hat.

Nun noch ein paar Worte zur Aufzucht von Lämmern, die wegen Tod der Mutter, Krankheit, Euterentzündung oder zerbissenen Strichen nicht bei der Mutter trinken können. Den Lämmersauger versehen wir mit einem kleinen Schnitt (kein Loch mit einer Nadel brennen). Das Saugen muss etwas Mühe bereiten. Dadurch wird ein Reflex ausgelöst, der die Milch durch den Pansen direkt in den Labmagen leitet. Außerdem wird verhindert, dass zuviel Milch auf einmal aufgenommen wird und Verdauungsstörungen entstehen. Sauger und Flasche müssen stets ausgekocht sein.

Ziegenmilch ist natürlich am besten. Es gibt aber auch Milchaustauscher, die für Ziegenlämmer geeignet sind. Man fragt den Tierarzt, ob und wo sie in der Gegend erhältlich sind. Die Milch muss immer frisch zubereitet werden, Reste werden nicht wiederverwendet. Sie wird so erwärmt, dass das Lamm sie körperwarm (ca. 35 °C) trinken kann. Das ist unbedingt zu beachten, denn zu kalte Milch gerinnt im Labmagen nicht rechtzeitig, wird unverdaut wieder ausgeschieden, und es kommt zu Verdauungsstörungen (Durchfall), die für Lämmer gefährlich sind.

Das neugeborene Lamm muss innerhalb der ersten Stunden Biestmilch erhalten. Steht tiefgekühlte zur Verfügung, wird sie aufgetaut, im Wasserbad erwärmt und vor dem Verfüttern mit dem Mixer kurz geschlagen.

Der Tränkplan: In den ersten drei Tagen fünfmal täglich Milch, in den nächsten vier Tagen viermal täglich. Danach nur noch dreimal am Tag. Die angebotene Milchmenge steigt nach Bedarf. Ab der zweiten Woche wird vom besten Heu, etwas später Rübenschnitzel, Mineralsalz und Wasser angeboten. Das fördert die frühzeitige Pansenbildung. Ab der fünften Woche füttern wir, langsam beginnend, gebrochenen Hafer zu (zunächst nur 50 Gramm pro Tier, später bis 150 Gramm) und wenn möglich Grünfutter. Die Milchmenge beträgt nun über zwei Liter am Tag und kann langsam durch Magermilch ersetzt werden. Ab der zehnten Woche gibt es nur noch zweimal täglich Magermilch, ab der elften Woche einmal am Tag. Dann werden sie »abgesetzt«.

Man kann versuchen, die Lämmer frühzeitig an ein Trinken aus der Schale zu gewöhnen. Allerdings kühlt die Milch darin schneller ab und wird eher verunreinigt. Flaschenlämmer werden der Ersatzmutter gegenüber extrem zutraulich und anhänglich.

Allgemein muss im Lämmerstall die Luft in Bodennähe ständig kontrolliert werden. Ammoniakdünste führen schnell zum gefürchteten Lämmerrotz und sind vermeidbar. Für zugfreie Lüftung ist zu sorgen, geringe Kalkgaben in der Einstreu binden die Gerüche.

Zu guter Letzt möchte ich noch auf ein Phänomen hinweisen, das bei weiblichen Ziegen gar nicht so selten auftritt. Wenn wir beispielsweise Jungziegen wegen noch geringer Körpergröße länger ungedeckt laufen lassen, kann es in einem guten Sommer mit nährstoffreicher Wiese passieren, dass sich ohne Lammung Milch bildet. Das Euter entwickelt sich, und wenn es wächst, müssen wir, um einer Entzündung vorzubeugen, melken. Bis zu 0,75 Liter täglich haben wir auf diese Weise von einem überjährigen Lamm erhalten – das ist kein Märchen! Also, ab und zu mal nachschauen!

Nutzen und Ertrag

Die Milch

Eigenschaften

Grob betrachtet ähnelt Ziegenmilch der Kuhmilch. Sie unterscheidet sich im prozentualen Gehalt an Eiweiß, Fett, Spurenelementen und Milchzucker nur um wenige Stellen hinter dem Komma. Trotzdem hat sie besondere Bedeutung für die Ernährung von Säuglingen, Kleinkindern und Kranken.

Statistisches Material über die Zusammensetzung der beiden Milcharten gibt es reichlich, allerdings finden sich nur selten identische Werte. Das liegt daran, dass der Gehalt der Inhaltsstoffe variiert und abhängig ist von der Futterzusammensetzung, der Jahreszeit, der Laktationsdauer, der Behandlung der Milch, ja auch von der Rasse und einigem mehr. Deshalb will ich hier keine festen Werte wiedergeben, sondern nur allgemeine Trends aufzeigen.

Bemerkenswerte Unterschiede zur Kuhmilch bestehen im Aufbau des Milchfettes und in der Zusammensetzung der Mineralstoffe. Das Fett ist in frischer Milch in Form von winzigen Kügelchen verteilt, die in der Flüssigkeit schwimmen. Für Kuhmilch hat man die Anzahl dieser Tröpfchen mit mikroskopischen Verfahren auf 1,5 – 3 Milliarden pro Milliliter berechnet. Die Fettkügelchen haben verschiedene Größen, und für Ziegenmilch ist bekannt, dass der Anteil der kleineren wesentlich höher ist als in Kuhmilch. Das ist ein eindeutiger Vorteil, denn je mehr kleine Kügelchen vorhanden sind, desto größer ist die Gesamtoberfläche, auf die die Magensäfte einwirken können. Das macht die Ziegenmilch so leicht verdaulich.

Bei Ziegenmilch setzt sich nur langsam ein wenig Sahne ab. Das liegt ebenfalls an der großen Anzahl kleinerer Fettkügelchen, außerdem fehlt gegenüber der Kuhmilch ein Stoff *(Agglutinin)*, der eine Zusammenballung der Kügelchen bewirkt. Ziegenmilch bleibt deshalb leicht verdaulich.

Nun gibt es Menschen, die behaupten, homogenisierte Kuhmilch werde ebenso gut verdaut. Homogenisieren ist ein technischer Prozess, bei dem die Fettkügelchen (und einiges mehr) zerschlagen und so zerkleinert werden. Es ist ein entscheidender Eingriff in das natürliche Gefüge der Milch und kann daher keine Qualitätsverbesserung sein. Ich bezweifle auch, dass es der Milchindustrie dabei um die leichtere Verdaulichkeit geht, sondern eher um bessere Verkaufsmöglichkeiten. Die Tatsache, dass homogenisierte Milch kein Fett absetzt, lässt die Milch stets frisch erscheinen ...

Ein anderer Unterschied zur Kuhmilch liegt im Gehalt von Mineralstoffen, Spurenelementen und Vitaminen. Ziegenmilch enthält mehr Kalzium, Phosphor und Magnesium und deutlich mehr Kalium und Chlorid. Das Vitamin A ist reichlich vorhanden, dagegen fehlt das Karotin (Provitamin A), was zu der charakteristischen weißen Farbe der Ziegenmilch führt.

Für die Säuglings- und Kleinkindernährung ist wichtig zu wissen, dass Eiweiß, Kalzium und Phosphor überdurchschnittlich viel, dagegen Eisen, die Vitamine B_6, B_{12}, C und D sowie Folsäure zu wenig enthalten sind. Die anderen vorhandenen Vitamine und Spurenelemente decken den notwendigen Bedarf. Eine Ernährung von Säuglingen über längere Zeit ausschließlich mit Ziegenmilch kann demnach zu Anämien führen. Das spricht nun nicht für Kuhmilch, denn bei ihr treten nach längerem ausschließlichen Gebrauch ebenfalls Anämien auf. Für Säuglinge ist nur Muttermilch als Alleinnahrung geeignet.

Milch bleibt trotzdem ein äußerst wertvolles Nahrungsmittel, auch für Säuglinge und Kleinkinder. Es soll nur betont werden, dass ein Mangel in der Milch durch andere Ernährung ausgeglichen werden muss, um Anämien zu vermeiden. Das heißt für Ziegenmilch: Ausgleich durch Vollkornprodukte, Gemüse, Hülsenfrüchte oder Hefe. Der Gehalt der Ziegenmilch an Vitaminen und Spurenelementen hängt sehr stark von der Fütterung ab (Qualität, Vielseitigkeit), so dass wir es selbst in der Hand haben, wie wertvoll die Milch ist.

Bei bestehender Unverträglichkeit gegenüber Kuhmilch kann Ziegenmilch in manchen Fällen eine Alternative sein. Das gilt hauptsächlich für Allergien gegen besondere Eiweißstoffe, die in Kuhmilch enthalten sind, nicht jedoch in Ziegenmilch. Solche Allergien kommen häufig vor und äußern sich durch Hautveränderungen, Durchfälle oder Asthma. Ziegenmilch kann hier mitunter sehr wohl vertragen werden.

Der Geschmack unterscheidet sich in meinen Augen nur wenig von Kuhmilch. Besonders zu Beginn und am Ende der Laktationsperiode schmeckt sie angenehm mild, in der Mitte der Zeit wird sie etwas würziger oder mineralischer. Aber das sind subjektive Eindrücke. Der Geschmack hängt ebenfalls von Fütterung, Haltung sowie Milchhygiene ab. Dem Vorurteil des strengen Geschmacks muss ich jedenfalls energisch widersprechen und jeder, der Ziegenmilch aus artgerechter Haltung probiert hat, wird mir zustimmen.

Schadstoffbelastung

Ziegenmilch kann, wie andere Milch auch, Schadstoffe enthalten. Die Höhe des Anteils können wir teilweise beeinflussen, und das ist ein entscheidender Vorteil gegenüber käuflicher Milch. Wir müssen darauf achten, der Ziege möglichst wenig belastetes Futter zu geben und die Wartezeiten nach Medikamenten strikt einzuhalten, besser noch zu verlängern.

Hoch schadstoffbelastet sind, wie bereits erwähnt, Weidemöglichkeiten an befahrenen Straßen, an vielen Feldrändern, um Industrieanlagen sowie auf alten Müllhalden und Schuttplätzen. Frisch gespritzte Flächen dürfen überhaupt nicht beweidet werden.

Eine weitere Quelle für Schadstoffe sind käufliche Futtermittel. Besonders risikoreich sind Kraftfuttermischungen (siehe dazu auch S. 79), deren Ausgangsstoffe wir nicht mehr nachvollziehen können. Ich denke an Skandale wie die Beimischung von Tiermehl, dem wir letztlich die Verbreitung von BSE zu »verdanken« haben. Oder an die Verwendung von genveränderten Produkten in Futtermitteln, deren Folgen für Tier, Mensch und Umwelt noch gar nicht absehbar sind. Zu oft finden sogar Industrieabfälle ihren Weg in diese Futtermischungen, Abfälle, die eigentlich auf eine Sondermüll-Deponie gehören. Weiter gilt es zu beachten, dass beträchtliche Mengen an handelsüblichen Futtermitteln in den Entwicklungsländern angebaut werden. Dorthin verkaufen die Industriestaaten große Mengen an Pestiziden, auch solche, deren Anwendung aufgrund ihrer extremen Gefährlichkeit bei uns längst verboten ist (leider jedoch nicht die Produktion). Nicht selten werden diese Mittel in der Dritten Welt überdosiert, um die Ernten zu sichern. Bei Transport und Lagerung werden die Produkte erneut behandelt. So erhalten wir auf diesem Umweg die Giftstoffe zurück, und über die Nahrungskette direkt auf unseren Tisch.

Aber nicht nur aus diesem Grund sollten Futtermittel aus der Dritten Welt nicht gekauft werden. Es ist auch politisch nicht vertretbar. In diesen Ländern herrscht Nahrungsmittelknappheit. Entwicklungs»hilfe«-Programme haben dazu geführt, dass dort Viehfutter für unsere Fleischberge angebaut wird.

Futtermittel kaufen wir am besten bei einem Bauern in der näheren Umgebung, dessen Wirtschaftsweise wir kennen. Hafer ist ein sehr gutes

Kraftfutter, von den Getreiden wird es am wenigsten mit Spritzmitteln und Kunstdünger behandelt.

Falls mit radioaktivem Fallout gerechnet werden muss, gibt es eine interessante Erkenntnis: Radioaktive Partikel konzentrieren sich in der Milch, unter gleichen Bedingungen scheint aber Ziegenmilch gegenüber Kuhmilch und besonders gegenüber Schafsmilch weniger belastet zu sein. Diesen Schluss ziehe ich aus Messdaten, die mir nach dem Unfall von Tschernobyl im Frühjahr 1986 von dem Trinity College, University of Dublin, Irland mitgeteilt wurden. Deutsche Stellen haben zu diesem Thema nicht verbindlich geantwortet. Weiter untermauert wird dieser Schluss dadurch, dass Ziegen ein anderes Fressverhalten haben als übriges Milchvieh, sie fressen nicht dicht über dem Boden. Und sie weisen ein günstigeres Leistungs-Futter-Verhältnis auf; um einen Liter Milch zu produzieren, ist weniger Futter nötig als bei einer Kuh. Ziegenmilch ist demnach eine Alternative in radioaktiven Zeiten. Zur Lösung des Problems trägt sie allerdings nicht bei.

Auch der allgemeinen Umweltverschmutzung können wir mit unserer Ziege nicht entrinnen. Wir erleichtern uns das Dilemma nur, indem wir der Ziege schadstoffarmes Futter anbieten. Individuell werden wir diese Probleme nicht lösen können, dazu sind politische Entscheidungen nötig, die die Übel an der Wurzel packen.

Milchhygiene

Milch ist ein idealer Nährboden für Bakterien (Keime). Von Natur aus enthält sie bereits einige hundert pro Milliliter. Diese Keime vermehren sich im Milieu Milch ungewöhnlich schnell, innerhalb eines Tages steigt ihre Zahl etwa um das 500-fache.

Nun sind aber nicht alle Keime schädlich, sondern manche, wie die Milchsäurebakterien, sind sogar erwünscht, besonders wenn man die Milch weiterverarbeiten will. Heute ist es allgemein üblich, dass Kuhmilch gleich nach dem Melken herabgekühlt wird, um die Keimzahl niedrig zu halten. Leider sind es gerade die guten, die Milchsäurebakterien, die dabei unterdrückt werden, während viele der unerwünschten Keime sich munter weiterentwickeln. Deshalb wird gekaufte Kuhmilch heute kaum noch sauer, sondern verdirbt, Dickmilch lässt sich daraus nicht mehr herstellen. Eine Kühlung der Ziegenmilch im Kühlschrank bewirkt ähnliches. Das ist also keine geeignete Methode, die Keimzahl gering zu halten.

Vielmehr ist auf peinliche Sauberkeit zu achten. Das beginnt bei der Gesundheit unserer Tiere. Wenn wir selbst krank sind, hantieren wir möglichst nicht mit Milch. Die Melk- und Milchgefäße werden vor Gebrauch mit kochendem Wasser ausgespült und dürfen keine raue Oberfläche haben. Ideal sind Edelstahlgefäße. Küchenhandtücher zum Austrocknen können wir vergessen, sie sind wahre Keimschleudern. Vor dem Melken waschen wir die Hände und eventuell das Euter. Füttern, Einstreuen oder alles, was Staub aufwirbelt, ist vor dem Melken zu vermeiden, die Stallluft wimmelt von Bakterien. Wenn wir das beachten, ist die Keimzahl von vornherein relativ gering.

Dennoch ist es unvermeidlich, dass Haare oder Schmutzpartikel beim Melken in die Schale fallen. Deswegen filtern wir die noch melkwarme Milch, nachdem wir sie aus dem Stall gebracht haben. Am praktischsten dafür haben sich die speziellen Wattescheiben erwiesen, die auch die Bauern für Kuhmilch benutzen. Es gibt sie in verschiedenen Größen bei Molkereien zu kaufen. Für unsere Zwecke reicht es, solch eine Wattescheibe in ein Küchensieb zu legen und die noch warme Milch durchlaufen zu lassen. Die so gewonnene Milch heißt Rohmilch.

An dieser Stelle muss auf folgendes hingewiesen werden: Nach dem deutschen Milchgesetz darf Rohmilch leider nur noch an Dritte weitergegeben werden, wenn Tiere und Milch häufig und regelmäßig auf ihre Unbedenklichkeit untersucht werden. Der örtliche Ziegenzuchtverband, der Tierarzt oder das zuständige Veterinäramt beraten und verweisen auf Möglichkeiten, wo und wie solche Untersuchungen durchzuführen sind. Diese Untersuchungen werden auch notwendig, wenn die Rohmilch zu Käse verarbeitet werden soll, der wiederum an Dritte verkauft oder abgegeben wird. Wer also daran denkt die Rohmilch oder die Rohmilchprodukte gewerblich zu nutzen, dem stellen sich leider gewaltige Hindernisse in den Weg: Die Untersuchungen kosten einiges Geld, ein Milch- und Käseraum muss vorgeschriebenen hygienischen Anforderungen entsprechen, ein beträchtlicher bürokratischer Aufwand wird nötig, die aktuelle Gesetzeslage und ihre Veränderungen müssen stets beobachtet werden, so rechnet sich die gewerbliche Nutzung der Ziegenmilch leider erst bei einer größeren Anzahl Tiere.

Im Folgenden werde ich nur von Milch und Käse für die Selbstversorgung reden, denn ich verwende bevorzugt Rohmilch. Nur sie hat den vollen Gehalt und die besten Eigenschaften. Mir ist als Ziegenhalter dabei klar, dass ich die volle Verantwortung für die gesundheitliche Unbedenklichkeit habe, und so achte ich selbstverständlich auf peinliche Sauberkeit bei der Milchgewinnung und -verarbeitung, ich achte auf die Gesundheit der Tiere und lasse ebenfalls regelmäßige Untersuchungen durchführen. Rohmilch enthält trotz aller Vorsichtsmaßnahmen stets eine gewisse Anzahl von Keimen, ich halte das für gut, denn es härtet unseren Organismus in gewisser Weise auch ab, indem er lernt mit den Keimen richtig umzugehen.

Wem Rohmilch nun zu bedenklich erscheint, oder wer Rohmilch nicht verträgt, der sollte auf ein Verfahren zurückgreifen, die Milch keimfrei zu machen. Allerdings sind alle diese Verfahren auch mit Qualitätsverlusten verbunden. Die schonendste Art ist das Pasteurisieren: Die Milch wird für 45 Sekunden auf 71 – 74 °C erhitzt. Wir benötigen dafür ein Milchthermometer. Das ist eine lohnende Anschaffung, denn wir brauchen es noch häufiger, wenn wir Milch weiterverarbeiten (Bezugsquellen siehe Anhang S. 155). Neben der Entkeimung bewirkt das Pasteurisieren eine Verlängerung der Haltbarkeit um ein bis zwei Tage. Man kann die Milch auch einfach nur abkochen, doch sind die Qualitätsverluste hierbei groß.

Die Lagerung von Milch geschieht generell an einem kühlen, aber nicht zu kalten Ort, der keinen großen Temperaturschwankungen ausgesetzt ist. Milch muss dunkel aufbewahrt werden, weil sich unter dem Einfluss von Licht das Vitamin B_2 (Riboflavin) zersetzt.

Verwendung und Verarbeitung der Milch

Ziegenmilch wird in der Küche wie Kuhmilch verwendet, es gibt dabei nichts besonderes zu beachten. Wir benutzen sie für Saucen, Pudding, Grieß und Kuchen, für Kaffee, Kakao, Müsli und Brei. Auch Milchmixgetränke schmecken mit Ziegenmilch hervorragend.

Säuerung

Rohmilch säuert langsam aber stetig von allein, wenn sie nicht zu kalt gelagert wurde. Der Säuerungsgrad hängt von Zeit und Temperatur ab. Die Milchsäurebakterien vergären einen Teil des Milchzuckers (Lactose) zu Milchsäure, dadurch gerinnen die Eiweißstoffe und flocken aus. Andere Bakterien und Keime werden in diesem sauren Milieu in ihrer Entwicklung unterdrückt. Sauermilchprodukte sind gut bekömmlich und relativ lange haltbar.

Dickmilch

Wer saure Milch lieber mit dem Löffel isst, stellt rohe Milch in einem flachen Gefäß für mindestens 24 Stunden an einen warmen Ort (um 20 °C). Es geht schneller, wenn man einen Esslöffel Dickmilch als Starter unter die aufgestellte Milch rührt. Mit Starter wird auch bei pasteurisierter Milch gearbeitet.

Joghurt

Joghurt gelingt mit Ziegenmilch ausgezeichnet, die Bereitung ist ganz einfach. Pasteurisierte Milch wir auf 40 °C (38,5 – 42 °C) erhitzt und mit speziellen Joghurtbakterien geimpft. Hält man den Ansatz für mehrere Stunden bei dieser konstanten Temperatur, können sich diese Bakterien ideal vermehren. Je länger die Milch warmgehalten wird, desto säuerlicher schmeckt der Joghurt. Anschließend lässt man den noch flüssigen Joghurt abkühlen und lagert ihn im Kühlschrank. Über Nacht wird er fest. Das Resultat: ein erfrischender Naturjoghurt, der nach Belieben mit Honig, Marmelade oder Früchten vermischt werden kann. Unser Tipp: Er gibt eine hervorragende Grundlage für leckere Salatsaucen.

Zum anfänglichen **Impfen** (Ansatz): In Bioläden und Reformhäusern gibt es Joghurt-Ferment mit Gebrauchsanweisung. Billiger ist es, einen Becher Naturjoghurt zu kaufen und mit dem Schneebesen in einen Liter Ziegenmilch (40 °C) zu rühren. Der gekaufte Joghurt darf allerdings nicht wärmebehandelt (= zweifacherhitzt) sein, der ist tot.

Eine Schwierigkeit besteht darin, dass das Ferment und der Joghurt auf Kuhmilchbasis gezüchtet wurden. Die Bakterien brauchen zwei bis drei Durchläufe, bis sie sich auf das Ziegenmilchmilieu umgestellt haben. Die Umstellung können wir beschleunigen und sicherstellen, indem wir bei der ersten Bereitung etwas weniger Milch nehmen (der Ansatz ist also konzentrierter) und ihn länger als gewöhnlich warm halten (bis zu 12 Stunden). Der erste Joghurt ist noch etwas dünn, der zweite (ca. 8 – 10 Stunden warm halten) wird schon besser, beim dritten wird die Umstellung geglückt sein (4 – 8 Stunden warm halten, je nach Geschmack).

Etwa den sechsten Teil des bereiteten Joghurts heben wir im Kühlschrank auf, um damit die nächste Runde zu impfen. Da er nicht unbegrenzt haltbar ist, muss die Joghurtbereitung einem Rhythmus unterliegen. Am besten setzt man alle 5 – 7 Tage einen neuen an. Je länger Joghurt gelagert wird, desto stärker säuert er nach, die Bakterien werden im Kühlschrank nur gehemmt.

Mit einem Ansatz kann man ca. 15 – 30 mal einen Liter Joghurt machen. Mit der Zeit verwildern die Bakterien, der Joghurt wird schwächer. Zeit für eine Pause oder einen neuen Ansatz.

Wir nehmen nur pasteurisierte Milch zur Joghurtbereitung, um beim Warmhalten nicht die ganzen Keime der Rohmilch auszubrüten.

Als **Gefäße** sind kleine Schraubgläser geeignet, vor Gebrauch werden sie kochendheiß ausgespült.

Zum **Warmhalten** kann man eine Kochkiste benutzen, doch sinkt die Temperatur langsam ab und der Joghurt fällt verschieden aus. Warmhalten im Backofen oder Wasserbad ist energieaufwendig. Ideal sind käufliche Joghurtbereiter mit sechs Gläsern, Wärmeplatte, Thermostat und Zeitschalter, eine kleine Ausgabe, die sich schnell amortisiert.

Kefir

Kefir ist ein Getränk aus dem Kaukasus mit sagenumwobenen Heilwirkungen. Bekannt und nachgewiesen ist seine erfolgreiche Wirkung bei Nieren- und Stoffwechselkrankheiten sowie bei Tuberkulose und Typhus. Hartnäckige und chronische Durchfälle heilen schnell aus.

Man braucht zur Herstellung lediglich einen Kefirpilz. Er sieht aus wie ein Miniatur-Blumenkohl. Wenn man sich in seinem Bekanntenkreis umhört, findet man vielleicht jemanden, der einem gern ein Stück abgibt.

Der Pilz wird in einem Sieb abgespült und in ein Schraubdeckelglas getan. Nun füllen wir mit lauwarmer Frischmilch (ca. 20 °C) bis drei Zentimeter unter den Rand auf, verschließen das Glas und schütteln alles durch. Der Standort ist relativ egal, am besten entwickelt er sich um 20 °C. Am nächsten Tag, etwa um die gleiche Zeit, öffnen wir das Glas (ein leichter Druck hat sich aufgebaut), gießen den Kefir durch ein Sieb und setzen den Pilz mit neuer Milch an. Der Kreislauf beginnt von vorn. Frischer Kefir ist ein Hochgenuss, er schmeckt leicht säuerlich und prickelnd. Man kann ihn wie Joghurt süßen, meist wird er jedoch pur getrunken.

Der Kefirpilz bedarf nur wenig Pflege. Einmal in der Woche wird er unter fließendem Wasser gespült. Je öfter man den Pilz wäscht, desto milder schmeckt der Kefir. Der typische Geschmack entwickelt sich durch Umwandlung eines Teils des Milchzuckers zu Alkohol (2 %). Wenn der Pilz sich wohlfühlt, wächst er. Bald können wir ihn teilen und Freunden ein Stück abgeben.

Falsch kann man bei der Bereitung kaum etwas machen. Hat man den Zeitpunkt des Umbettens verpasst, zieht der Kefir schleimige Fäden. Der Pilz wird gründlich gewaschen, kranke Teile entfernt.

Will man verreisen oder eine Pause einlegen, kann der gewaschene Pilz einige Zeit in Wasser aufbewahrt werden. Kefir selbst muss frisch genossen werden, er ist nicht lange haltbar und säuert auch im Kühlschrank stark nach.

Butter

Ziegenbutter ist schneeweiß und hat einen zarten bis kräftigen Geschmack, je nach Säuregrad der verwendeten Sahne. Ihre Konsistenz ist weicher als Kuhbutter, was von Kennern geschätzt wird. Sie ist eine Delikatesse.

Für die Butterherstellung ist es ein Nachteil, dass Ziegenmilch nur langsam aufrahmt. Man kann den Vorgang beschleunigen, indem die Milch in einer flachen Schüssel an kühlem Ort aufgestellt wird. Nach 24 – 36 Stunden schöpft man die Sahne mit einem Schaumlöffel oder einer Rahmkelle ab und füllt sie in ein Glas oder einen Steinguttopf. Das Gefäß wird mit einem luftdurchlässigen Tuch oder Gaze bedeckt. Die Sahne soll bei gemäßigter Temperatur leicht säuern.

Die Rahmmenge von einem Gemelk wird sich bei uns kaum lohnen, deswegen verfahren wir mit der weiteren Milch ebenso und sammeln die Sahne. Die frische Sahne wird separat aufgestellt, bis sie ebenfalls leicht säuerlich riecht, aber noch nicht sauer schmeckt. Dann wird sie zur bereits gesammelten dazugegeben. Die gesammelte Sahne wird kühl gestellt, damit die Säuerung nicht zu schnell voranschreitet. Sie kann zur Konservierung gesalzen werden (8 %), das Salz wird zum großen Teil nachher wieder ausgewaschen. Wenn der Geschmack der Sammelsahne zu sauer wird, erhält die Butter einen kräftigen Geschmack. Wir müssen selbst entscheiden, wann der Zeitpunkt des Butterns gekommen ist.

Jetzt füllen wir die Sammelsahne in ein ausreichend großes Glas oder eine bauchige Flasche, beides mit Schraubdeckelverschluss. Die Idealtemperatur zum Buttern liegt bei 15 °C. Nun wird 15 – 25 Minuten kräftig geschüttelt. Wenn sich die ersten Fettklümpchen gebildet haben, füllt man etwas Wasser nach (max. eine kleine Tasse pro Liter Sahne), damit die Temperatur wieder 15 °C erreicht. Sind die Fettklumpen erbsengroß, gießt man die Buttermilch durch ein Sieb ab. Sie schmeckt hervorragend und ist gesund. Die aufgefangene Butter wird unter fließend kaltem Wasser gewaschen.

Jetzt beginnt das Kneten. Man führt es entweder unter dem kalten Wasserstrahl oder in einer wassergefüllten Schüssel aus, wobei das Wasser öfter erneuert wird. Beim Kneten tritt noch weitere Buttermilch aus. Wenn das Wasser klar abläuft, ist die Butter fertig.

Je nach Geschmack wird nun gesalzen (10 – 20 Gramm auf ein Kilo). Soll die Butter länger gelagert werden, kann man stärker salzen, vor dem Verzehr wäscht man das Salz unter erneutem Kneten einfach wieder heraus. Nach dem Salzen lässt man sie 24 Stunden liegen und knetet sie dann nochmals durch. Dabei tritt noch das letzte Wasser aus und die Butter wird nicht so schnell ranzig. Zum Schluss formen wir die Butter und lagern sie in lichtundurchlässigem Papier oder im Steinguttopf im Kühlschrank.

Die Rahmausbeute durch Handschöpfen ist relativ gering, und wir dürfen von einer oder zwei Ziegen keine Butterberge erwarten. Eine größere Beute erhält man mit einer Milchzentrifuge, in der Magermilch und Sahne getrennt werden. Es gibt kleine Zentrifugen für den Hausgebrauch, die Anschaffung ist leider teuer. Die Magermilch kann zu Käse oder Quark verarbeitet werden.

Zum Buttern von größeren Mengen gibt es Butterfässer anstelle unserer Schüttelflasche, diese Anschaffung wird sich für uns aber kaum lohnen.

Sahne-Spezialität

Der Rahm wird wie zum Buttern abgeschöpft, aufgestellt und gesammelt, er darf jedoch nicht zu sauer schmecken. Statt dem Buttern im Glas wird die Sammelsahne mit dem Mixer schnell geschlagen, bis sich ein schaumiger Sahneballen absetzt. Dieser Ballen ist eine ausgesprochene Delikatesse, ein Sahnefrischkäse, fettreich und fein. Er wird leicht gesalzen und kann mit Tomatenmark, Senf oder Kräutern verrührt werden. Das ergibt einen Aufstrich, der seinesgleichen sucht. Er muss kühl gelagert und bald gegessen werden.

Quark

Auch Quark aus Ziegenmilch ist etwas Leckeres. Er ist reinweiß und sehr fein in seiner Konsistenz.

Es gibt mehrere Möglichkeiten, Quark herzustellen. Die einfachste Art: Rohmilch wird wie bei der Dickmilchbereitung zum Säuern aufgestellt und zwar so lange, bis sie fest geronnen ist. Um die Säuerung etwas zu beschleunigen, kann man Milch vom Vortag (sie ist schon saurer als die Frischmilch, ohne dass man es schmeckt oder riecht) oder auch einen Esslöffel Joghurt pro Liter hinzugeben.

Über der geronnenen Milch setzt sich eine Flüssigkeit ab – die Molke. Molke und Quark müssen nun voneinander getrennt werden. Dazu befestigen wir eine Mullwindel mit starken Wäscheklammern am Rand eines sauberen Eimers und füllen den Quark vorsichtig mit einem Schaumlöffel ins Tuch. Die Molke muss langsam und frei ablaufen können, beim Auspressen würden wir die Quarkmasse durch das Tuch drücken. Der fertige Quark wird leicht gesalzen und kann mit Kräutern und Gewürzen wie Kuhquark beliebig zubereitet werden. Auch Käsekuchen und Quarkknödel gelingen mit Ziegenquark wunderbar.

Käse

Ziegenkäse ist wohl das bekannteste Produkt unserer Tiere. Er wird von Feinschmeckern hochgeschätzt und ist gut verkäuflich. Es gibt ihn in verschiedenen Varianten, als Frisch- und Weichkäse, als altgelagerten Hartkäse, ja sogar als karamellartig schmeckenden Molkenkäse, der schon fast eine Süßigkeit ist.

Käsemachen ist gar nicht so schwierig, allerdings fallen die Sorten bei jedem etwas anders aus. Die Unterschiede sind bedingt durch die Beschaffenheit der Milch, durch Temperatur, Luftfeuchte und Keimgehalt der Käseküche und der Lagerräume.

Jeder hat anderer Bedingungen. Bekannt ist, dass manche Käsesorten nur in bestimmten Gegenden typisch ausfallen. Wir müssen also zunächst experimentieren und dürfen nicht gleich enttäuscht sein, wenn ein Rezept nicht sofort gelingt.

Voraussetzungen für die gleichbleibende Qualität unserer Käse sind Sauberkeit und konstantes Arbeiten unter gleichen Bedingungen.

Das Prinzip der Käsebereitung

Gesäuerte Milch wird unter Erwärmung mit Lab zum Gerinnen gebracht, die Käsemasse wird von der Molke getrennt und gepresst. Der Käse trocknet und reift. Die unterschiedliche Ausführung der einzelnen Stufen führt zu völlig verschiedenen Käsearten.

Ein Wort gleich zum **Lab**. Es ist ein Ferment im Labmagen säugender Lämmer und Kälber und bewirkt dort die Gerinnung der Milch. Gewonnen wird es durch Schlachtung.

Im Handel gibt es nur Kälberlab. Molkereien geben es ungern oder überhaupt nicht ab. Neuerdings führen Bioläden und Reformhäuser Labtabletten. Sie sind praktisch, wenn man selten Käse macht, bei häufigem Gebrauch werden sie teuer. In diesem Fall empfehle ich Lab in Pulverform, oder besser noch flüssiges, welches sich gut mittels einer Pipette dosieren lässt. Man erhält es per Versand oder in einer gut sortierten Drogerie (siehe Anhang).

Für die meisten Käsesorten benötigt man eine **Käseform**. Sie ist in der Regel rund und muss zylindrisch sein, damit die Käsemasse gleichmäßig nachrutschen kann. Die Form wird mit kleinen Löchern versehen, damit die Molke gut ablaufen kann, die Käsemasse aber zurückgehalten wird. (Abstand der Löcher 2 × 2 Zentimeter, Lochdurchmesser 1,5 – 2,5 Millimeter.) Die Löcher werden von innen nach außen gearbeitet oder müssen von innen entgratet werden. Für kleine Käse lassen sich Joghurtbecher oder ähnliches verwenden, für größere Laibe aus zehn Liter Milch nimmt man stabile Mayonnaise-Eimer. Sie brauchen etwa einen Durchmesser und eine Höhe von je 20 Zentimeter. Der Kunststoff muss auf jeden Fall für Lebensmittel geeignet sein. Man kann sich Käseformen auch töpfern lassen, ich finde sie aber etwas unhandlich, da sie starr und schwer sind. Kunststoffkäseformen gibt es natürlich auch zu kaufen (Bezugsquellen siehe Anhang).

Zum **Pressen** benötigen wir zunächst einen Teller, der die Käsemasse nach unten drückt. Er muss genau in die Form passen. Für stärkeren Druck sägen wir einen passend aus sauberem Holz.

Leichten Druck erzeugt man durch ein auf den Pressteller gestelltes Gefäß, das mit Wasser oder Steinen gefüllt ist. Gewichte, wie sie zum Wiegen benutzt werden, sind ebenfalls geeignet.

Für mehr Druck habe ich eine alte Mostpresse umgebaut (Schraubpresse). Man kann sich auch ohne großen Aufwand eine Gewichthebelpresse konstruieren. Der Pressdruck muss in jedem Fall verstellbar sein.

So, nun kommen wir endlich zum Käsemachen. Die Arbeitsgänge will ich noch mal genauer erklären und zwar an einem Frischkäse, der in jedem Fall gelingt. Es ist unser altbewährter Hauskäse.

Hauskäse

Wir sammeln die sauber gewonnene Rohmilch von einem Morgen-, einem Abend- und wiederum einem Morgengemelk. Die beiden ersten Mengen werden jeweils separat aufbewahrt, kühl, nicht zu kalt und geruchsfrei. Die erste Milch hat jetzt nach 24 – 26 Stunden einen leichten Säuerungsgrad, der für diesen Käse willkommen ist. Nach dem Frühstück kippen wir die drei Gemelke zusammen in einen großen Topf, von zwei Ziegen müsste die Menge beinahe zehn Liter ergeben. Darauf ist das Rezept jedenfalls abgestimmt. Der Käse wird nachher etwas über ein Kilo wiegen.

Die Milch wird nun langsam auf ca. 30 °C erwärmt. In eine Tasse geben wir einen Schluck lauwarmes Wasser, tropfen 10 – 12 Tropfen Lab hinein und rühren es um. Pulverlab ist schwieriger zu dosieren, eine kleine Messerspitze voll mag genügen. Die Labmengen für Ziegenkäse sind im Allgemeinen etwas geringer als bei Kuhkäserezepten.

Nun wird die Milch vom Feuer genommen und das verdünnte Lab hinzugegeben. Es muss zügig untergearbeitet werden, aber nicht im Kreis rühren, sonst kommt die Milch nicht schnell genug zum Stillstand. Eher wie mit einem Schneebesen schlagen. Der zugedeckte Topf wird jetzt warm gestellt, damit sich die Temperatur hält (neben dem Herd).

Wenn die Labmenge und die Temperatur nicht zu hoch waren, stockt die Milch nach vier Stunden. Sie wird erst dickflüssig, dann geleeartig und schließlich so fest, dass sie über dem Finger bricht, wenn wir ihn durch die Masse ziehen.

Sowie sich etwas Molke abzusetzen beginnt, wird der Bruch hergestellt. Mit einem langen Messer schneiden wir die Masse vorsichtig zunächst gitterförmig, dann – so gut es geht – quer in 2 Zentimeter große Würfel. Erreicht werden soll damit ein gleichmäßiges Absetzen der Molke.

Nach weiteren drei Stunden (nun am frühen Nachmittag) haben die Würfel sich zusammengezogen, ein ordentlicher Teil Molke hat sich deutlich sichtbar getrennt. Der Bruch darf nicht zu hart sein, sonst verbinden sich die Würfel nachher nicht richtig zum Laib. Er darf aber auch nicht zu weich sein, sonst wird er aus den Löchern der Form herausgedrückt. Für den richtigen Zeitpunkt des Bruchschneidens und des Abfüllens müssen wir ein Gefühl entwickeln. Die Zeitpunkte sind abhängig von der Labmenge, der Gerinnungszeit und -temperatur.

Weist der Bruch die richtige Konsistenz auf, füllen wir ihn vorsichtig mit einem Schaumlöffel in die große Käseform. Die Form steht am besten auf zwei Hölzern über einer großen Schüssel, in der die abfließende Molke aufgefangen wird. Zunächst legen wir nur den Pressteller auf die Käsemasse, im Laufe der nächsten Stunden sackt sie zusammen. Am Abend beschweren wir den Teller mit einem Gewicht (ca. 2 – 3 Kilo).

Am nächsten Morgen wird der Käse vorsichtig aus der Form genommen, gewendet, wieder hineingelegt und etwas stärker gepresst (über 5 Kilo). Er müsste bereits so fest sein, dass er seine Form behält. Das Wenden ist notwendig, damit die Feuchtigkeit im Laib gleich verteilt bleibt und er nicht an der Oberseite trockener wird. Am Abend wendet man ihn noch einmal und presst ihn danach wiederum stärker oder, wenn er fest und trocken genug erscheint, salzen wir ihn.

Ringsum, auch an den Rändern, wird er kräftig und gleichmäßig mit Salz bestreut. Danach legen wir ihn gewendet auf ein Abtropfbrett. Das ist ein schräg gestelltes Holzbrett, auf dem noch weitere Molke ablaufen kann. Es besteht kaum Gefahr, dass der Käse versalzen wird. Das Salz entzieht dem Laib weitere Molke und überschüssiges Salz wird dabei abgespült. Der Käse bleibt ein bis zwei Tage auf dem Abtropfbrett, er wird regelmäßig morgens und abends gewendet.

Die Reifung ist vielleicht der schwierigste Schritt der Käseherstellung. Der Käse braucht in dieser Zeit eine äußerst hohe Luftfeuchtigkeit (ca. 90 %), damit er nicht austrocknet. Die Temperatur während der Reifung sollte möglichst konstant sein und zwischen 10 °C und 16 °C liegen. Ein feuchter Keller ist ideal, er darf nur nicht muffig riechen, sondern muss gut belüftet sein.

Unseren Käse können wir nach wenigen Tagen als Frischkäse genießen oder, wenn er relativ fest, nicht zu dünn und ohne Lufteinschlüsse gelungen ist, länger reifen lassen. Dabei wird er weiterhin täglich gewendet und auf Schimmelbildung kontrolliert.

Nicht jeder Schimmel muss sofort entfernt werden, die Bildung von Edelschimmel (weiß, blau) ist manchmal sogar erwünscht. Sie gibt dem Käse eine eigene Reife und einen bestimmten Geschmack. Unerwünschte Schimmelpilze (schwarz, grau, grün, gelb) werden einfach abgewaschen, abgekratzt, abgebürstet oder zur Not ausgeschnitten. Das Myzel bleibt bei glattem Käse ohne Löcher in der Oberfläche, es besteht keine Gefahr der Vergiftung. Zum längeren Reifen sind deshalb nur Laibe geeignet, die eine glatte, geschlossene Oberfläche haben.

Zur besseren Rindenbildung und zum Halten der Feuchtigkeit hat es sich bewährt, den Käse in der letzten Reifephase mit Öl einzureiben. Die Reifung kann bis zu mehreren Monaten durchgeführt werden. Das ist bei unserem Hauskäse allerdings recht schwierig, dazu stellt man am besten ausgesprochene Hartkäse her.

Unser Hauskäse ist für den Anfänger besonders einfach, weil die einzelnen Prozesse langsam ablaufen und man Fehler und die häuslichen Gegebenheiten leicht kennen lernt. Trotz der Variationsbreite erhält man einen schmackhaften Käse. Es ist auch ein Rezept, das man später »über den Daumen« anwenden kann, im Gegensatz zu anderen, wo Zeiten und Temperaturen genau eingehalten werden müssen.

Die ungesalzene Molke bei der Bruchherstellung kann ans Federvieh oder an Schweine verfüttert werden. Siehe auch bei **Molkentrunk** und **Geitost** (Seite 126).

Zu jeder Zeit muss Milch, Bruch und Käse davor bewahrt werden, dass Fliegen ihre Eier ablegen können. Wenn Gefahr besteht, deckt man über die Käseform beim Abtropfen und Pressen ein großes Tuch. Das Abtropfbrett und der Reiferaum müssen ebenfalls fliegensicher sein (Fliegenschrank).

Variationen zum Hauskäse:

- Wenn der Bruch vor dem Abfüllen relativ fest erscheint, mischen wir beim Einfüllen zwei bis drei Esslöffel **Kümmel** unter. Eventuell zerkleinern wir den Bruch vorsichtig mit dem Schaumlöffel in der Form noch etwas. Kann wenige Tage nach dem Abtropfen gegessen werden.
- **Grüner Pfeffer** verleiht Ziegenkäse ein feines, säuerlich-erfrischendes Aroma. Die Pfefferbeeren gibt es in Lake eingelegt zu kaufen, zwei bis drei Esslöffel werden gründlich gewaschen (lauwarm) und unter einen normal erscheinenden Bruch beim Einfüllen in die Form gemischt. Kurze Reifezeit nach dem Abtropfen. Getrocknete Pfefferbeeren geben weniger feines Aroma ab und rings um die Beeren wird der Käse sehr scharf.
- Ähnlich wie die Pfefferbeeren können auch **Kräuter** frisch oder getrocknet untergemischt werden. Wird als Frischkäse gegessen.

Mögliche Fehler:

- Die Milch stockt nicht – Säuerungsgrad, Temperatur oder Labmenge zu gering. Vorsichtig nachwärmen oder nachlaben.

- Die Milch stockt früher – macht nichts, rechtzeitig schneiden! Säuerungsgrad, Temperatur oder Labmenge zu hoch.
- Der Bruch zieht sich nach dem Schneiden nicht zusammen, es tritt zu wenig Molke aus – der Topf stand zu kalt. Der Bruch wird nachgewärmt: Vorsichtig wird bis zu einem Drittel der Molke abgeschöpft und die gleiche Menge warmes Wasser nachgefüllt und behutsam eingerührt (max. 50 °C). Der Käse wird dadurch meist fester.
- Der Bruch ist körnig, griesig und nicht elastisch, geleeartig – der Säuregrad der Milch war zu hoch. Das Produkt ist Quark, wie diesen behandeln.
- Der Bruch ist zu fest – Temperatur oder Labmenge zu hoch, zu spät abgefüllt. Der Bruch wird noch feiner geschnitten, eventuell langsam mit dem Schneebesen zerkleinert. Der Käse muss stärker gepresst werden, er wird dadurch trockener und fester. Bei glatter Oberfläche lassen wir ihn wie einen Hartkäse reifen.
- Die Molke läuft in der Form nur schwer ab, die Käsemasse sinkt nicht zusammen – Form steht zu kalt, nächstes Mal bei Zimmertemperatur ablaufen lassen. Zur Not durch eine freihängende Stoffwindel laufen lassen.
- Der Bruch ist zu weich, er drückt sich durch die Löcher der Käseform – Bruch hätte nachgewärmt werden müssen. In freihängende Windel umfüllen und abtropfen lassen.
- Der Käse schmeckt und schneidet sich gummiartig – zu viel Lab, zu wenig gesalzen. Länger reifen lassen.
- Der Käselaib bläht auf, der Käse schmeckt unangenehm – die Milch war unrein, falsche Bakterien haben überhand genommen und Gärungsprozesse bewirkt. Schade. Milch keinesfalls länger als zwei Tage sammeln.
- Der Käse ist trocken und scharf – zu stark gesalzen, der Geschmack kann auch Folge von Silagefütterung sein.
- Die Käseoberfläche schrumpelt an einigen Stellen, dort beginnt er »zu laufen« – ungleichmäßig und zu wenig gesalzen.
- Zweifel an der Labwirkung – Lab ist dunkel, kühl und trocken aufbewahrt weit mehr als ein Jahr haltbar. Großen Temperaturschwankungen sollte es nicht häufig ausgesetzt werden. Die Stärke der Labwirkung steigt bis 41 °C, darüber nimmt sie rasch ab. Bei 60 °C wird Lab unwirksam. Zum Käsen wird maximal auf 35 °C erwärmt, ab dieser Temperatur besteht die Gefahr, dass wir unerwünschte Bakterien heranbrüten. Wir gehen sicher, wenn wir im Bereich unter 30 °C bleiben.

Käserezepte

Frischkäse im Tuch

Die Ziegenmilch (10 Liter) wird auf 40 °C erwärmt und mit 1½ Esslöffel Joghurt geimpft. Langsam auf unter 30 °C abkühlen lassen. Einlaben und schneiden wie beschrieben. Nicht zu spät in eine freihängende Windel abfüllen. Dabei werden 15 – 20 Gramm Salz und nach Wunsch Kräuter oder Knoblauch untergemengt. Wenn keine Molke mehr sichtbar austritt, drehen wir die Windelenden zusammen und pressen dadurch den Käse leicht. Wirkt er am nächsten Tag noch zu feucht, legen wir den zusammengedrehten Käseball in ein Sieb und pressen mit Brett und Steinen. Der fertige Käse hat eine zarte Konsistenz, ohne weich zu sein. Er kann nach dem Pressen gegessen werden.

Käse im Glas

Das ist eine tolle Variation zu dem beschriebenen Frischkäse, die lange haltbar ist. Der Käse wird nach dem Pressen bis zwei Zentimeter unter den Rand in ein leeres Honigglas gefüllt. Dabei wird er mit dem Löffel so hinein gedrückt, dass möglichst keine Lufträume bleiben. Die Oberfläche wird glattgestrichen und mit einer einen Zentimeter dicken Olivenölschicht luftdicht abgeschossen. Zugeschraubt ist dieser Käse mehrere Wochen im Kühlschrank haltbar. Eventuell die Ölschicht ergänzen.

Kräuterzugaben ziehen in der Käsemasse besonders gut durch. Zum Essen kann der Käse mit dem Olivenöl verrührt werden.

Handkäse

Frische Rohmilch wird bei etwa 20 °C abends eingelabt (6 – 7 Tropfen auf 5 Liter) und über Nacht bei Zimmertemperatur (besser 20 °C) stehen gelassen. Wenn die Milch am nächsten Morgen gestockt ist, wird der Bruch geschnitten, dabei leicht bewegt und nach sichtbar vermehrtem Molkeaustritt in ein Tuch abgefüllt. Dabei werden 10 Gramm Salz untergemischt. Die Molke muss gut ablaufen, notfalls nachpressen.

Nun kneten wir die Käsemasse gut durch und geben nach Belieben fünf Gramm Kümmel zu, die Masse muss gut zusammenhalten. Wir formen kleine, flache Kuchen und lassen sie kurz trocknen. Dann werden sie in einem Steinguttopf gestapelt und mit einem Tuch abgedeckt. Dort reifen sie bei 15 °C für zwei bis drei Wochen. Täglich kontrollieren.

Handkäse in Öl und Kräutern

Der eben beschriebene Handkäse (ohne Kümmel) wird nach fünf bis sieben Tagen Reifezeit in Olivenöl eingelegt. Sehr dekorativ ist dafür ein großes Glasgefäß. Man braucht sehr viel Öl, kann es aber öfter benutzen. Das Öl können wir beliebig mit Kräutern würzen (Thymian, Wacholderbeeren, Pfefferkörner, Knoblauch, Perlzwiebeln u. a.). Die Käse müssen mit Öl bedeckt sein und sind dann recht lange haltbar.

Kartoffelkäse

Gleiche Teile Quark und feingeriebene Kartoffeln werden mit Salz und Kümmel verknetet und wie Handkäse behandelt. Er kann in ein Essig-Öl-Gemisch eingelegt werden. Kartoffelkäse muss bald gegessen werden.

Kleine Weichkäse

Zehn Liter Milch werden auf 24 °C erwärmt und mit drei Esslöffeln frischer Dickmilch oder einem Esslöffel saurer Sahne geimpft. Nach 30 Minuten erwärmen wir auf knapp 30 °C und laben mit einem halben Teelöffel Flüssiglab. Nach weiteren 90 Minuten sollte die Milch so gestockt sein, dass sie sich leicht vom Rand löst (warm halten). In Würfel schneiden und nach einer halben Stunde den Bruch leicht bewegen. Kurz darauf ein Drittel der Molke abschütten und den Rest (Molke und Bruch) mit der Schöpfkelle in kleine Käseformen verteilen. Bei Zimmertemperatur die Molke ablaufen lassen, dabei gerade am Anfang oft wenden.

Nach einem Tag werden die Käse außen mit Salz paniert (nicht zuviel, aber gleichmäßig) und kommen wieder bei Zimmertemperatur aufs Abtropfbrett. Zweimal täglich wenden.

Nun lassen wir sie etwa zwei Wochen bei 12 – 15 °C und hoher Luftfeuchte reifen. Regelmäßig wenden und Oberfläche kontrollieren, gegebenenfalls leicht nachsalzen.

à la Camembert

Wir verfahren wie beim Weichkäserezept. Wenn die Käse vom Abtropfbrett kommen, bestreichen wir sie ringsum mit einem frisch gekauften Camembert, d. h. wir reiben einfach nur mit der weißen Rinde über die Käseoberfläche. Den gekauften Camembert oder auch nur dessen Rinde können wir sicherheitshalber zwischen die reifenden Käse legen.

Nach einer knappen Woche wird der Edelschimmel unsere Käse überziehen. Der Schimmel geht schnell, auch später noch, auf andere Käse über. Wo das nicht erwünscht ist, müssen wir den Camembert separat reifen lassen.

Ziegenkäse mit blauem Edelschimmel

Geeignet dafür sind der Weichkäse oder ein lagerbarer Hauskäse. Wir kaufen dazu einen beliebigen Blauschimmelkäse mit möglichst starkem Schimmelbesatz. Wenn unser Käse vom Abtropfbrett kommt, wälzen wir ein dünnes Holzstäbchen (Stricknadel) im Blauschimmel und stechen es mehrfach in unseren Käselaib. Er muss nun kühl reifen.

Hartkäse

Zehn Liter Milch werden bei 24 °C mit einem Becher Dickmilch geimpft und 30 Minuten stehen gelassen. Bei knapp 30 °C wird mit einem guten halben Teelöffel Flüssiglab eingelabt. Nach einer Stunde wird die Masse kleinwürfelig geschnitten. Zehn Minuten später bewegen wir den Bruch leicht, schütten ein Drittel der Molke ab und ergänzen wieder mit 50 °C heißem Wasser. Eventuell müssen wir dabei leicht rühren, damit der Bruch nicht zusammenklebt. Weitere zehn Minuten später wird der Bruch mit Molke in die Käseform geschöpft und 20 Gramm Salz dabei eingearbeitet. Der Hartkäse wird bei stetig steigendem Gewicht zwei Tage gepresst, zuletzt sehr stark. Wenden nicht vergessen! Anschließend wird er auch äußerlich gesalzen, tropft zwei Tage in einem kühlen Raum ab und reift über drei Monate in einem kühlen, feuchten Keller (10 – 15 °C).

Wenn die Luftfeuchte nicht ausreicht, trocknet der Käse aus und wird hart. Wir können ihn ähnlich wie Parmesan als Reibekäse verwenden.

Um höhere Luftfeuchte zu erreichen, kann man eine Haube über den Käse decken und wassergefüllte Schalen dazustellen. Trotzdem für Lüftung sorgen.

Sahnefrischkäse

Zur frischen Milch wird zusätzlich Rahm dazugegeben. Die Mischung wird erwärmt, damit sich der Rahm gut verteilt. Die Einlabtemperatur liegt bei Zimmerwärme, die Gerinnungsdauer beträgt bis zu zwei Tage. Anschließend lassen wir die Masse durch die Windel abtropfen und pressen zum Schluss leicht. Vor dem Formen wird der Sahnekäse mit dem Spatel durchgeknetet und dabei etwas gesalzen. Dieser Käse muss frisch verzehrt werden.

Magermilchkäse

Magermilch wird wie Vollmilch verkäst, allerdings ist die Ausbeute wesentlich geringer und der Käse wird krümelig. Empfehlenswerter ist es, daraus Quark zu machen.

Geitost – norwegischer Ziegenkäse

Diese Spezialität aus Skandinavien ist doppelt interessant. Einmal ist es eine karamellartig schmeckende Käsedelikatesse, zum anderen ist es die restlose Verwertung der Milch, besonders der Molke.

Zehn Liter Milch werden entrahmt, aus der Magermilch bereiten wir Quark oder Käse. Molke und Sahne sind die Ausgangsstoffe für den Geitost, wir können auch Molke von Vollmilchkäsen nehmen und Sahne zukaufen.

Die Molke wird langsam erwärmt, bis sie aufwellt. Wir lassen sie köcheln, bis die Hälfte der Flüssigkeit verdampft ist. Dann fügen wir die Sahne zu. Weiter köcheln lassen und dabei eindicken, bis eine karamellartige Paste übrigbleibt. Zum Ende rühren wir, damit nichts anbrennt (Prinzip Pflaumenmus). Zum gleichmäßigen Abkühlen des Geitost stellen wir den Kochtopf in ein Wasserbad und rühren.

Durch Karamellisierung des Milchzuckers wird der Käse goldbraun und erhält sein typisches Aroma. Gut gepresst und trocken ist er lange haltbar.

Molkentrunk

Vier Teile frische Molke werden bis zu 35 °C erwärmt und mit einem Teil Honig verrührt. Gut abgekühlt ist es ein gesundes Getränk, das sich für Kuren eignet. Molke wirkt leicht abführend. Weitere Verwendung von salzfreier Molke: Geitost, zum Säuern von Milch für die Käsebereitung (1 Liter auf 10 Liter Frischmilch), zum Verfüttern an das Federvieh oder die Schweine.

Haltbarmachen durch Tiefgefrieren

Käse ist zum Einfrieren nicht gut geeignet. Er trocknet stark nach und wird dadurch bröckeliger in seiner Konsistenz. Beabsichtigt man es trotzdem für den Wintervorrat, sollte man feuchte Käse bevorzugen.

Ziegenmilch dagegen kann ohne Probleme eingefroren werden, was interessant ist, wenn man Milch für einen größeren Käse sammeln will.

Und noch ein Tipp: Wir haben unsere Ziegenkäse auch zum Kochen und Überbacken benutzt, meistens die, die nicht so schnittfest oder die eingefroren waren. Geschmack und Verhalten etwas ungewöhnlich, aber nicht schlecht, eher was für Feinschmecker.

Verkauf von lebenden Tieren

Im Kapitel »Lämmeraufzucht« ist dazu schon einiges gesagt worden. Prinzipiell wird man weibliche Tiere sehr gut los und man kann damit auch vernünftige Preise erzielen. Ich orientiere mich stets an den üblichen Preisen für Milchschafe, weil Ziegen kaum weniger Arbeit machen und keine minderwertigen Tiere sind. Der Verkauf der Lämmer deckt nahezu die Futterkosten des Muttertiers über den Winter, wenn man alles Futter kaufen muss. Ein etwas besserer Preis für weibliche Lämmer lässt sich erzielen, wenn der eigene Ziegenbestand als »CAE-unverdächtig« eingestuft worden ist (siehe S. 145). Für Böcke oder Bocklämmer findet man dagegen nur sehr selten Liebhaber. Manchmal melden sich Türken, doch wollen sie meist nur Preise zahlen, die sie aus ihrer Heimat gewohnt sind. Da kommt man ums Schlachten nicht herum.

Das Fleisch

Bevor ich vor vielen Jahren mit der Ziegenhaltung begann, ernährte ich mich sieben Jahre lang nahezu vegetarisch. Für die Ziege entschieden wir uns wegen der Milch und der Milchprodukte, auf Fleisch hatten wir es nicht abgesehen. Dann kamen die ersten Lämmer – zwei Böckchen. Was nun? Der Ziegenmarkt war damals noch schlecht, niemand wollte sie kaufen. Zu guter Letzt haben wir sie verschenkt und nicht einmal ein Dankeschön erhalten.

Dann kauften wir uns zwei weitere Ziegen, wobei uns klar war, dass wir uns nun nicht mehr länger ums Schlachten drücken konnten und wollten. Wir begannen, uns langsam mit dem Gedanken an Selbstversorgung mit

Fleisch anzufreunden. Dabei machten wir die Erfahrung, den zum Schlachten bestimmten Tieren keine Namen zu geben. Es ist schon ein Unterschied, ob wir Ziegenfleisch oder »Bodo« vor uns auf dem Teller haben.

Eins war und ist sicher: Das Fleisch ist von bester Qualität, ohne Farbstoffe, Östrogene, Antibiotika und anderen Medikamentenrückständen. Es ist von Tieren, die sich frei bewegen können und fressen, was wir ihnen bieten. Sofern wir auf das Verfüttern von käuflichen Kraftfuttermischungen völlig verzichten, braucht man sich über Krankheiten wie BSE oder Scrapie keinerlei Sorgen zu machen (siehe Kraftfutter S. 79 und Scrapie S. 146).

Ziegenfleisch ist entgegen aller Vorurteile schmackhaft, mager und in vielem mit magerem Schaffleisch zu vergleichen. Ziegen fehlt eine Fettauflage, im Muskelfleisch ist nur wenig Fett, stattdessen lagert es sich in den Körperhöhlungen an. So kommt es, dass Ziegenfleisch mitunter trockener als Schaffleisch empfunden wird. Zäh ist nur das Fleisch von Alttieren oder von Ziegen, die in Milch standen. Aber auch das lässt sich noch gut zu Wurst verarbeiten.

Geschlachtet werden hauptsächlich die Böckchen. Ob kastriert oder unkastriert macht bis zum Alter von einem Jahr keinen großen Unterschied im Geschmack, auch wenn der Bock schon gedeckt hat. Wenn er allerdings stark stinkt, lässt es sich nicht vermeiden, dass wir beim Schlachten mit unseren nun ebenfalls stinkenden Händen das Fleisch berühren. Da wartet man besser, bis der Geruch im Januar oder Februar wieder nachlässt. Erst im zweiten Jahr fängt das Bockfleisch an, den typischen Geruch anzunehmen.

Wenn wir die Fleischmenge einschätzen wollen, die wir von einem Tier erwarten können, wiegen wir es: Grob gesehen ist es die Hälfte seines Gewichts, die wir verwerten können. Davon gehen natürlich noch die Knochen ab, über die sich der Hund freut. Vier im Herbst geschlachtete Frühjahrslämmer decken schon einen Teil des Jahresbedarfs unserer kleinen Familie an Fleisch und wir essen mittlerweile nicht gerade selten Fleisch.

Zubereitet wird Ziegenfleisch wie Schaffleisch oder wie Reh oder Hirsch. Bei älteren Tieren braucht es eine etwas längere Garzeit. Oder wir marinieren es ausgiebig, was auch ein guter Trick ist, um eventuell einen leichten Bockgeruch auszugleichen. Wir können Ziegenfleisch kochen, braten, grillen, schmoren, räuchern und verwursten.

Schlachten

Zum Schlachten ist es notwendig, dass man sich gerade bei den ersten Malen einen Hausschlachter holt. Er hat die nötigen Werkzeuge, die Erfahrung und Routine. Und er kostet kein Vermögen. Es dauert keine Stunde, und das Tier hängt sauber gehäutet und ausgenommen am Haken. Wir assistieren ihm, lernen die Schnitte richtig anzusetzen und wissen bald, worauf es ankommt. In ländlichen Gegenden wird es kein Problem sein, einen Hausschlachter zu finden.

Kurz vor dem Schlachttermin informieren wir unseren Tierarzt, damit er die Fleischbeschau durchführen kann. Per Gesetz unterliegen alle Tiere über drei Monate und auch jüngere Lämmer, deren Fleisch verkauft werden soll, solch einer Beschau. Pro Tier werden dabei Gebühren erhoben. Außerdem müssen alle geschlachteten Ziegen, die älter als 18 Monate sind, auf Scrapie untersucht werden (siehe Seite 146).

Geschlachtet wird meist morgens, wenn die Tiere noch nicht viel gefressen haben. Ich komme mir jedes Mal wieder wie ein Verräter vor, wenn ich sie aus dem Stall führe. Dennoch: je weniger sie nun beunruhigt werden, desto besser für das Tier und das Fleisch. Am besten reicht man ihnen eine Haferschüssel, derweil der Schlachter das Bolzenschussgerät ansetzt und sie in den Ziegenhimmel befördert. Der Bolzen durchschlägt den Schädelknochen hinter der dicken Stirnplatte, das Tier bricht augenblicklich zusammen und ist tot. In südlichen Ländern werden Tiere durch Schächtung geschlachtet (blitzschnelles Aufschneiden der Halsschlagader mit einem sehr scharfen Messer), dazu gehört aber einige Übung, damit es nicht zu einer Qual wird. Früher wurden die Ziegen hierzulande mit einem Hammer erschlagen, wobei die richtige Stelle getroffen werden muss, sonst schauen sie uns nur verwundert an.

Das Tier liegt also zusammengebrochen auf dem Boden und nun müssen wir schnell handeln. Wir legen es über einen Tisch oder hängen es an den Hinterbeinen an einer Leiter oder einem Balken auf. Mit zwei Schnitten wird die Halsschlagader geöffnet, es muss ordentlich ausbluten (Eimer dafür bereithalten). Die Beine halten wir zunächst kräftig fest, denn die Reflexe arbeiten noch, das Tier würde sonst mächtig strampeln. Langsam werden die Bewegungen schwächer. Nun wird vom Kinn bis zum Schwanz vorsichtig die Bauchhaut aufgeschnitten, um den After herum, wobei die Bauchdecke noch nicht durchtrennt werden sollte. Wo immer es sich durchführen lässt, gehen wir mit dem Messer unter die Haut und führen den Schnitt nach außen aus. Euter bzw. Hoden werden entfernt, weitere Schnitte führen innen die Beine entlang.

Das Häuten muss sehr behutsam vorgenommen werden, wenn auf das Fell Wert gelegt wird. Ziegenhaut ist sehr dünn und es gibt schnell Löcher oder Einschnitte. An Beinen, Bauch, Becken, Brust und Hals sitzt die Haut fest und wird mit dem Messer abgetrennt. An den übrigen Körperteilen kann sie mit der Faust stumpf abgezogen werden (mit der Faust schlägt/drückt man zwischen die gespannte Haut und Fleisch). Das abgezogene Fell werfen wir gleich in eine Wanne mit Wasser, damit vorhandenes Blut nicht erst antrocknet.

Jetzt werden Kopf und Unterfüße (siehe Abb. S. 133) abgetrennt, was beim richtigen Schnitt durch die Sehnen der betreffenden Gelenke recht einfach geht. Anschließend wird die Bauchdecke von innen nach außen aufgetrennt (das Messer nicht zu tief führen, damit das Gedärm nicht angeritzt wird), das Schambein durchstoßen und die Eingeweide gelöst. Organe wie Herz, Lunge, Leber (Vorsicht mit der Gallenblase!), Milz und Nieren werden für die Beschau extra gehalten. Herz, Leber und Nieren werden wir verwenden und wässern sie deshalb, die restlichen Gedärme und Innereien lassen wir in eine Schubkarre fallen. Der Schlachtkörper ist nun soweit fertig. Wir spritzen ihn mit dem Gartenschlauch ab und lassen gleich die Rippen mit der Stoßsäge abtrennen. Zuletzt wird er in einen kühlen, fliegenfreien Raum gehängt.

Werden mehrere Tiere geschlachtet, so sollten wir sehen, dass die folgenden das Blut ihrer Stallgefährten nicht riechen können. Das regt sie zu sehr auf und ihr Fleisch ist nachher zäh. Organe und Schlachtkörper dürfen wir für die Beschau nicht durcheinanderbringen.

Die Fettpartien aus den Körperhöhlungen legen wir zum Erstarren in Wasser. Daraus bereitetes Schmalz schmeckt talgig. Wir frieren es ein und hängen es im Winter den Vögeln in einen Baum. Den Pansen schneiden wir auf, entleeren und spülen ihn, darüber freut sich der Hund. Weitere Innereien, besonders die dünne Haut, die die Eingeweide umgeben hat, und auch den Kopf dürfen wir dem Hund nicht roh geben. Dort können sich Finnen vom Hundebandwurm befinden, welche aber für die Ziege keine Bedeutung haben. Nicht zu verwertende Teile graben wir tief ein, fallen größere Mengen an, so entsorgen wir sie über die zuständige Tierkörperbeseitigungsanstalt (TBA).

Nach der Beschau können wir frische Leber essen und mit dem Verwursten beginnen. Den Schlachtkörper lassen wir langsam auskühlen und je nach Temperatur zwei bis sechs Tage abhängen. Dadurch reift das Fleisch, es wird zart und leicht verdaulich. Diese einfache Qualitätsverbesserung sollte man in jedem Fall durchführen, es lohnt sich.

Wursten

Von unserem Hausschlachter Heinz haben wir ein wunderbares Wurstrezept gelernt, das ich unbedingt weitergeben möchte. Es ist die praktischste Art, zweitrangiges Fleisch zu verarbeiten. Zugaben von Schweinefleisch, wie sonst üblich, sind nicht nötig. Die fertige Wurst wird tiefgefroren oder in Gläsern eingekocht. Wir essen sie auf Brot oder als Fleischbeilage, verwenden sie wie Gehacktes zu Fleischsaucen oder für Kohlrouladen. Ihr Geschmack hängt natürlich von unseren Würzkünsten ab.

Nach dem Schlachten werden die Rippenpartien, Bauchlappen, etwas Fett, Herz, Nieren und was wir sonst noch abschneiden wollen, in einem großen, unbeschädigten Wecktopf mit Wasser bedeckt gar gekocht, bis sich die Knochen gut lösen lassen. In der Zwischenzeit schälen wir reichlich Zwiebeln.

Das noch warme entbeinte Fleisch wird mit den Zwiebeln durch einen Fleischwolf gedreht, hin und wieder lassen wir eine Kelle Brühe mit durchlaufen. Alles kann mit durchlaufen, auch Sehnen und Knorpel. Den fertigen Fleischbrei würzen wir mit Salz, schwarzem Pfeffer, Muskat, Piment und Nelkenpulver. Man braucht davon reichliche Mengen, ab zehn Kilo Fleischmasse geht das Würzen händeweise. Pfeffer und Nelkenpulver geben wir etwas zaghafter zu, sie ziehen später noch durch. Ein paar Kellen Brühe (von oben = fettreich) machen die Masse geschmeidig, fast flüssig. Mit den Händen gut vermengen und mit einem Tuch bedeckt kühl stellen.

Am nächsten Morgen ist das Fett erstarrt, die Wurst fest. Wir schneiden sie in Portionen und frieren sie ein. Die verbliebene Brühe können wir ebenfalls einfrieren, sie gibt eine hervorragende kräftige Grundlage für Eintopfgerichte.

Wenn die Wurst gegessen wird, können wir sie zusätzlich mit Knoblauch oder, was ich besonders liebe, mit Majoran würzen.

Ziegenfleisch kann natürlich auch zu Würsten in Därmen verarbeitet werden. Da das Fleisch aber sehr mager ist, würden die Würste trocken und hart werden. Man gibt deswegen etwa 50 % Bauchfleisch vom Schwein dazu und nimmt je nach Wurstsorte verschiedene Fleischpartien der Ziege. Das ergibt gute, geräucherte Dauerwürste mit Salamicharakter oder feine Wiener Würstchen. Da ich Schweinefleisch aber sehr skeptisch gegenüberstehe, habe ich darin keine eigene Erfahrung und will auch keine Rezepte wiedergeben.

Zerlegen

Nach dem Abhängen wird der Schlachtkörper zerlegt. Die bekannten Fleischpartien sind aus der Abbildung ersichtlich, eine weitere Hilfe ist vielleicht die Darstellung der Muskelpartien und des Knochenbaus.

Beim Abtrennen der Keulen und Schultern zerschneiden wir möglichst wenig Muskelfasern. Rücken und Nacken kann man zu Koteletts und Schnitzel schneiden. Die Unterschenkel und Unterarme nehmen wir für Eintopf oder zum Grillen. Vom Hals schneiden wir Stücke für Gulasch, der sehnige Rest bleibt für Eintopf. Die Lenden geben einen zarten Braten. Als Krönung bleiben die Keulen.

Das entbeinte Fleisch lässt sich einkochen, wir haben es in den erwähnten Portionen eingefroren. Nach Bedarf kann man die Schulter schnetzeln oder schon vor dem Einfrieren für Gulasch zerschneiden. Das Auftauen sollte möglichst langsam erfolgen, damit das Fleisch nicht so viel Saft verliert. Als Gewürze für Braten möchte ich noch Salbei, Majoran und Rosmarin empfehlen, mit Knoblauch kann man spicken oder einreiben. Alle Rezepte für Schaffleisch können wir verwenden und auch mutig experimentieren. Rezepte für Wild mit Beizen und Marinaden gelten zum Verfeinern für die Sonntagsbraten. Und generell wird damit das Fleisch auch bereits älterer Tiere mürbe, oder man kann so einen leichten Bockgeschmack überlagern. Wenn wir Ziegenfleisch heiß servieren, werden alle begeistert sein.

Ein besonders wohlschmeckendes Ziegengericht wird wie der traditionelle Irish Stew zubereitet: Das Fleisch wird vor dem Würfeln mit Knoblauch eingerieben. Kleingeschnittener Weißkohl, am besten der zarte Spitzkohl, und grob gewürfelte Kartoffeln und Zwiebeln kommen dazu. Alles wird mit Salz, einer Prise Pfeffer und reichlich Kümmel gewürzt und mit einer Tasse Brühe übergossen. Wir schmoren den Stew im Römertopf gute zwei Stunden bei 200 °C. Ein saftiges, zartes Fleischgericht mit kräftigem Geschmack, dessen Geheimnis darin liegt, dass es während des Garens nicht umgerührt werden darf.

Das Fell

Ziegenhäute sind ein begehrtes Produkt, die feinsten Lederartikel sowie Trommelfelle werden daraus hergestellt. Allerdings ist es schwierig, Leder selbst zu gerben. Dazu geben wir es in eine Gerberei. Anders ist es mit Fellen, diese können wir recht einfach selbst gerben. Leider haben Ziegenfelle einen entscheidenden Nachteil: Das Haar bricht irgendwann,

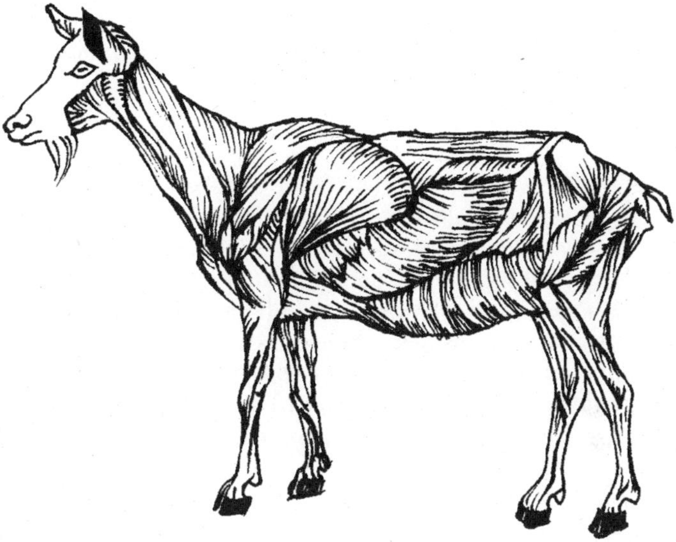

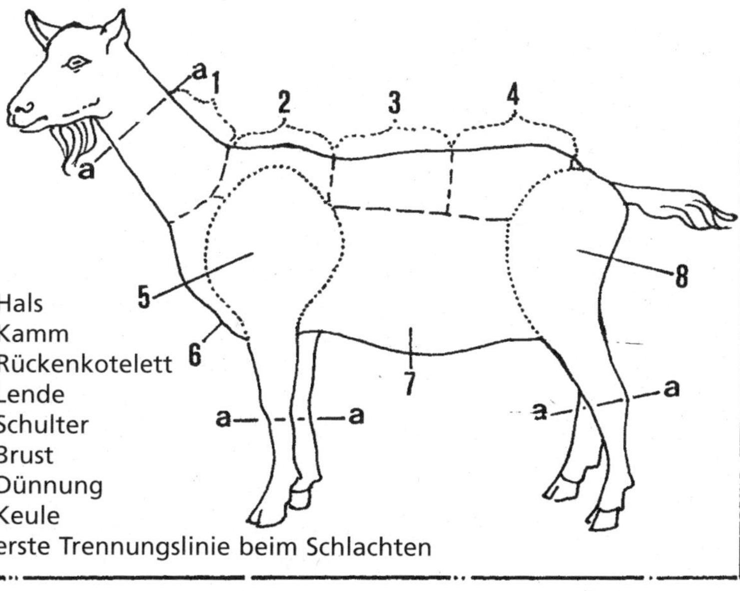

1) Hals
2) Kamm
3) Rückenkotelett
4) Lende
5) Schulter
6) Brust
7) Dünnung
8) Keule
a) erste Trennungslinie beim Schlachten

ähnlich wie bei Rehfellen. Das schränkt die Verwendung beträchtlich ein. Dennoch nehmen wir sie nicht nur zur Wanddekoration, ich habe daraus schöne Beutel genäht und Stühle damit gepolstert. Aus langhaarigen Fellen lassen sich gefütterte Handschuhe und Jacken machen. Auch als Geschenke sind die Felle sehr beliebt.

Selbst gerben

Die frisch abgezogene Haut haben wir beim Schlachten ins Wasser gelegt, damit sich das Blut nicht festsetzt. Nun spülen wir sie gründlich und hängen sie zum Abtropfen im Schatten über eine saubere und rostfreie, runde Stange. Dabei entfernen wir noch anhängende Fleischreste. Wenn sie vor Hunden und Katzen sicher hängt, lassen wir sie dort über Nacht. Am nächsten Tag legen wir das Fell mit der Haarseite auf die Erde und bestreuen die Fleischseite gleichmäßig und relativ dick mit Alaun-Salz. Auch die Ränder müssen gründlich eingesalzen sein.

Dann werden die Seitenteile jeweils zur Mitte geklappt – ohne Falten – Haut auf Haut. Die Halspartie und das Hinterteil klappt man ebenfalls zum Zentrum hin, jetzt dürfte keine Haut mehr frei liegen. Zur Not schiebt man die Partien noch etwas zurecht. Das Prinzip ist, dass die Haut nirgendwo austrocknet und die Gerbung an allen Stellen gleich verlaufen kann. Auch an den Rändern dürfen sich keine Falten bilden. Nun schlagen wir die Seitenteile jeweils wieder bis zur Mitte ein, dann die kurzen bis zur Mitte und zum Schluss klappen wir alles in der Hälfte übereinander. Übrig bleibt ein kleines Bündel.

Dieses legen wir in einen fliegenfreien Raum, nicht zu warm. Mehrere Felle können gestapelt werden. Je nach Temperatur lassen wir das Fell vier bis sieben Wochen liegen. Wenn es nicht zu warm war, schauen wir nach fünf Wochen nach, ob das Alaun seine Arbeit getan hat. Dazu falten wir das Fell auseinander und kratzen mit dem Fingernagel an einer trockenen Stelle oder ziehen die Haut am trockenen Rand mit beiden Händen, ob sich in der Unterschicht weißes Leder zeigt. Ist dies der Fall, hängen wir es zum Trocknen ein bis zwei Tage über eine Stange, Lederseite nach innen. Es darf nun nicht ganz hart werden, der richtige Zeitpunkt zur Weiterbearbeitung ist schwer zu bestimmen. Das Alaun wird abgeklopft.

Wir legen das Fell auf einen Tisch und beginnen mit einem stumpfen Messer, die Lederseite zu bearbeiten. Wir kratzen und ziehen die obersten Häute ab, darunter kommt das weiße Leder zum Vorschein. Diese

Arbeit ist etwas mühselig, an hartnäckigen Stellen nehmen wir grobes Sandpapier zur Hilfe und schmirgeln die oberste Schicht ab. Stets vorsichtig arbeiten, Ziegenhäute sind sehr dünn.

Das erste Fell wird vielleicht ein paar Löcher oder Risse bekommen, die sind aber mitunter durch unvorsichtiges Häuten schon vorprogrammiert. Das fertige Fell duftet nach frischem Leder, ein Kämmen der Haare ist bei Ziegen meist nicht nötig.

Alaungegerbte Felle können bei Bedarf gewaschen werden. Erscheinen sie einem irgendwann zu hart, so raut man die gesamte Lederoberfläche mit grobem Sandpapier auf. Es ist erstaunlich, wie geschmeidig sie hinterher sind. Risse werden vernäht.

Alaun erhält man in guten Drogerien in größeren Mengen manchmal recht billig. Preisvergleiche müssen unbedingt angestellt werden, da oft Wucherpreise, besonders in Apotheken, verlangt werden. Je nach Größe des Felles benötigt man zwei bis fünf Kilo. Alaun erhält im Gegensatz zum chemischen Gerbverfahren dem Fell alle natürlichen Eigenschaften.

Mitunter beginnt das Fell zu schimmeln, während es als Bündel liegt. Dann ist es zu feucht gesalzen worden. Nachsalzen hält die Schimmelbildung auf. Häufig sitzt der Schimmel nur an der Oberfläche, die nachher abgekratzt wird.

Gerben lassen

Die Felle werden nach dem Schlachten nicht in Wasser gelegt, sondern nach dem Abkühlen mit normalem Salz eingestreut. Das Salz entzieht Flüssigkeit, die ablaufen muss. Öfter nachsalzen, bis es trocken genug erscheint, um es zu verschicken. Nochmals gesalzen, wird es eingerollt und zur Post gebracht. Der Gerberei teilen wir mit, ob wir es als Fell oder als Leder wünschen. Alaungerbungen werden dort nur sehr selten ausgeführt, in der Regel sind es harte Chemieanwendungen. Das Endprodukt ist allerdings sehr fein und weich. Stark riechende Bockfelle verlieren leider auch nach chemischer Gerbung ihren Geruch nicht völlig.

Der Mist

Ziegenmist ist ein wertvoller Dünger. Er ist stickstoffreich und wärmt, ohne übermäßig zu erhitzen. Häufig wird er mit Schafsmist gleichgesetzt, ist aber meist trockener. In kleinen Gaben zum Kompost gegeben, fördert er die Entwicklung der Mikroorganismen und beschleunigt dadurch die Rotte. Unsere Mistmengen werden wir aber gesondert zu einem reinen Mistkompost aufsetzen, so können wir ihn für Garten und Wiese am besten nutzen.

Der Untergrund für die Miststätte sollte fest sein, damit nicht so viele Nährstoffe ausgewaschen werden und wir nicht zur Nitratverseuchung des Grundwassers beitragen. Schatten ist günstig, genügend Platz zum Umsetzen muss vorhanden sein.

Der Mist wird fest (immer wieder antreten) in einem länglichen Wall schichtweise aufgesetzt. Zwischen jede Lage kommt gute Erde oder Kompost, von außen wird er damit abgedeckt. Höhe etwa 1,20 Meter, Seitenwände steil. Im Gegensatz zu anderem Kompost wird kein Kalk zugegeben. Strohreicher Mist braucht regelmäßige Feuchtigkeit, dafür ziehen wir oben eine Rille und gießen nach Bedarf. Nach vier Monaten kann er einmal umgesetzt werden, dann ist er vielleicht im gleichen Jahr noch fertig.

Der fertige Mistkompost ist sehr nährstoffreich und besonders für Starkzehrer geeignet. Wenn er gut gelagert ist, wird er auch von anderen Pflanzen vertragen.

Die Krankheiten

Allgemeine Ratschläge

Erkennen von Unregelmäßigkeiten

Wer sich für seine Tiere Zeit nimmt und sie täglich beobachtet, dem fällt schnell auf, wenn mit einer Ziege etwas nicht »stimmt«. Nur wenige Krankheiten zeigen sich plötzlich und in einem vorangeschrittenen Stadium. In vielen Fällen ist es möglich, die Krankheit zu heilen, bevor sie ein schwerwiegendes Stadium erreicht hat. Dazu müssen wir kleine Unregelmäßigkeiten frühzeitig erkennen und ihre Ursache suchen. Im Zweifelsfall ziehen wir den Tierarzt zu Rate und warten nicht ab, wie die Unpässlichkeit sich entwickelt. Den Tierarzt sollten wir lieber einmal umsonst bemühen als einmal zu wenig.

Erste Krankheitszeichen zeigen sich häufig durch Veränderung im Verhalten, im Ausdruck oder in der Körperhaltung. In einem solchen Fall beobachten wir das Tier zunächst aus der Entfernung, damit es durch unsere Anwesenheit nicht beunruhigt wird und wir dadurch ein falsches Bild erhalten. Meistens ist das erste Symptom nachlassende Futteraufnahme. Wir sollten nun nicht versuchen, die Ziege durch Leckerbissen zum Fressen zu animieren.

Bestätigt sich unsere Beobachtung, so untersuchen wir das Tier genauer. Kalte oder heiße Ohren sind Zeichen für Kreislaufstörungen. Zähneknirschen sowie wiederholtes Hinlegen und Aufstehen sind Anzeichen von Schmerzen. Blasse Schleimhäute an den Augen weisen auf Blutarmut, beispielsweise durch starke Verwurmung hin. Durchfall ist die Folge falscher Fütterung oder von starkem Wurmbefall. Laute und regelmäßige Pansengeräusche sind normal, bei Krankheit bleiben sie bald aus. Bei der Untersuchung der Ziege sollten alle Körperteile erfasst werden, einschließlich Euter und Klauen.

Wir achten auf die Atmung, messen Puls und Temperatur. Als Vergleichswerte messen wir ebenso an einem gesunden Tier.

❍ **Fiebermessen:** Die Spitze eines normalen Fieberthermometers wird mit Salbe eingerieben und zwei Zentimeter in den After eingeführt, die Thermometerspitze muss vom Schließmuskel umgeben sein. Normaltemperatur: 39 – 40 °C.

❍ **Puls messen:** Wir messen an der Innenseite des Oberschenkels. Normal sind 70 – 95 Schläge pro Minute, bei Lämmern etwas mehr. Die

Erregung der Ziege durch Einfangen und Festhalten kann Atmung und Puls beschleunigen sowie die Temperatur erhöhen.

Ist der Puls erhöht, die Temperatur normal, so denken wir zuerst an Verdauungsstörungen, Vergiftung oder Trächtigkeitskrankheit. Fieber zeigt Infektionskrankheiten und Entzündungen an. Untertemperatur tritt nach Blutverlust, schwerem Durchfall und kurz vor dem Tod ein.

Diese Angaben sollen helfen, die Schwere und Art der Erkrankung einzuschätzen. Sie ersetzen nicht den Tierarzt. Anfängern fehlt die Erfahrung, um Krankheiten genau zu bestimmen. Sie werden bei Unregelmäßigkeiten verunsichert sein. Die nachfolgenden Kurzbeschreibungen einiger Krankheiten sollen einen Überblick geben, damit wir mehr Anhaltspunkte an der Hand haben und den Tierarzt gegebenenfalls zur rechten Zeit holen (siehe S. 142ff).

Verhüten von Krankheiten und vorbeugende Maßnahmen

Eine Ziege wird nicht häufiger krank als andere Tiere, und man kann davon ausgehen, dass sie in unseren kleinen Beständen weniger krankheitsgefährdet ist, als das bei Groß- und Intensivhaltung der Fall ist. Wir haben die Gesundheit unserer Tiere weitgehend selbst in der Hand und können viel dazu beitragen, Krankheiten zu vermeiden. Artgerechte Haltung ist die beste Voraussetzung dafür. Krankheiten verlieren so ihren Schrecken.

Zusammenfassend und ergänzend werden die wichtigsten Punkte aufgezählt, die für die Gesundheit der Ziegen ausschlaggebend sind:

O Gesundes, abwechslungsreiches Futter

Die Ziege muss auswählen können. Futterwechsel langsam vornehmen. Zu eiweißreiches Futter (stickstoffüberdüngte Wiese, Kleeweiden, überhöhte Kraftfutter- oder Silagegaben) führt zu Verdauungsstörungen und kann weitere Erkrankungen auslösen. Stroh, Laub, Heu, Trockenschnitzel gleichen eiweißreiches Futter aus. Die Ziege morgens nicht hungrig auf tau- oder regennasse Wiese lassen, das kann zum Aufblähen führen. Schimmeliges Futter gehört auf den Müll. Plastiktüten und andere »schwer verdauliche Sachen« dürfen nicht für die Ziege erreichbar sein. Mangelkrankheiten verhütet man zusätzlich durch Anbieten von Salzlecksteinen und Mineralien, eventuell Vitaminen. Aber nur schaf- und ziegengeeignete nehmen! Ich verzichte völlig auf käufliche Kraftfuttermischungen, da sie Spuren von Tiermehl (BSE) oder andere unerwünschte Substanzen enthalten können (siehe S. 79).

❍ **Gut belüfteter, aber zugfreier Stall**
Husten und Lungenentzündung sind meistens Folge von schlechtem Stallklima. Kein Karbolineum!
❍ **Ektoparasiten** (äußerliches Ungeziefer)
Stallwände jedes Jahr frisch kalken.
❍ **Weidewechsel**
Das ist unbedingt notwendig, um Verwurmung zu vermeiden. Wiesen sollten regelmäßig gekalkt werden. Gespritzte Weideflächen vergiften die Ziege. Wiesen in Feuchtgebieten bringen zusätzlich die Gefahr von Leberegeln.
❍ **Unfallgefahren**
Unfälle müssen vermieden werden. Die Geschicklichkeit der Ziege darf nicht unterschätzt werden, sie erreicht fast alles. Die Stalleinrichtung muss praktisch und stabil sein. Nicht in der Nähe von Büschen tüdern, viele Ziegen haben sich dabei schon stranguliert. Bei freilaufenden Ziegen kann ein weites Halsband im Buschwerk tödliche Folgen haben.
❍ **Euterkontrolle**
Die Euter werden regelmäßig kontrolliert, auch wenn die Ziege in Milch steht, aber nicht gemolken wird. Das Euter darf nicht zu fest und heiß sein, wir achten auf Knotenbildung und auf Verletzungen durch saugende Lämmer.
❍ **Klauenpflege**
In regelmäßigen Abständen werden die Klauen geschnitten und vorsichtig sauber gekratzt. Die Hornwand sollte keine Taschen oder Hohlräume bilden.
❍ **Vermeidung von Ansteckungskrankheiten**
Zugekaufte Tiere werden gründlich untersucht und am besten erst einmal extra gehalten. Auch auf Hautparasiten achten und entwurmen. Pensionsgäste und – falls wir einen Bock halten – Ziegen, die zum Decken gebracht werden, ebenfalls kritisch betrachten, bevor sie in den Stall kommen. Nur Tiere aus CAE-unverdächtigen Beständen (siehe S. 145) kaufen oder als Gäste annehmen.
❍ **Verhütung von Lämmerverlusten**
Hochtragende Ziegen richtig füttern und keinem Stress aussetzen. Nicht zu schnell treiben, notfalls extra halten. Geburtstermine vormerken und aufmerksam sein. Bei einer Geburt ruhig verhalten. Biestmilchaufnahme ist lebensnotwendig für ein Lamm. Für saubere Einstreu und gute Luft in Stallbodennähe sorgen. Flüssignahrung nicht zu kalt geben. Sehr schwachen Lämmern kann man ein geschlagenes Ei mit einem knappen

Teelöffel Lebertran auf einen halben Liter Milch in der Flasche geben. Lämmern frühzeitig Heu anbieten.

Wenn wir all dies und sicher noch einiges mehr stets beachten, halten wir das Risiko einer Erkrankung unserer Ziegen relativ gering. Den Tierarzt werden wir dann selten benötigen.

Vergessen werden darf nicht, dass es einige Krankheiten gibt, die auch für den Menschen ansteckend sind. Dazu gehören so schwere Krankheiten wie Tuberkulose und Brucellose, die wir aber kaum fürchten müssen, weil sie in unseren Breitengraden so gut wie ausgestorben sind. Mit einer anderen Krankheit muss man dagegen eher rechnen. Das ist der Lämmergrind (Ecthyma), der mitunter hartnäckige Formen annimmt, besonders bei künstlicher Aufzucht. Eine Übertragung auf uns vermeiden wir, indem wir die Grindstellen nicht berühren und nach dem Kontakt mit den erkrankten Tieren die Hände desinfizieren.

Sollten wir bevorzugt Rohmilch verwenden, so achten wir beim Melken und der Milchverarbeitung auf peinliche Sauberkeit. Zusätzlich lassen wir die Milch und die Tiere gelegentlich untersuchen. Bei der Abgabe von Rohmilch oder Rohmilchprodukten ist unbedingt auf die Einhaltung der Bestimmungen nach dem deutschen Milchgesetz zu achten (siehe dazu auch den Abschnitt »Milchhygiene« auf S. 110).

Die Stallapotheke

Zur Grundausstattung benötigen wir nur wenige Dinge, die meisten Medikamente werden bei Bedarf gekauft. Wir brauchen: eine Schere, eine Klauenschere, ein scharfes Messer, einen Eingebestab für Pillen, eine Flasche oder einen Eingebeballon zum Eingeben von Flüssigkeiten, Lämmersauger, ein Fieberthermometer, Einwegtücher, Desinfektionsmittel für Wunden und unsere Hände, Euterfettsalbe, Wurmmittel und anderes nach Bedarf. Heilkräuter finden ebenso Verwendung wie beim Menschen.

Ein besonders vielseitiges Heilmittel mit leicht antibiotischer Wirkung möchte ich noch empfehlen: Propolis, das Kittharz der Bienen. Imker bereiten daraus Salben, Tinkturen und Sirup. Die Heilwirkung von Propolis ist unumstritten, nur leider wenig bekannt in einem von Chemiekonzernen beherrschten Land. Seiner Wirkung wird zugeschrieben, dass es überhaupt möglich ist, dass so viele Lebewesen in einem Bienenstock auf engstem Raum zusammenleben können ohne permanent krank zu sein. Propolistinktur nehmen wir zur Wunddesinfektion, den Sirup anstelle von antibiotikahaltigen Salben für eiternde Wunden.

Auch andere, alternative Medizinformen können bei Ziegen angewendet werden. So habe ich von überzeugenden Erfolgen durch die Bioresonanz- Therapie, mit Homöopathie und auch mit Bach- Blütentherapie gehört. Ich würde allerdings empfehlen, dass man sich von einem kundigen Menschen anleiten lässt und von Experimenten absieht, damit ernste Erkrankungen nicht verschleppt werden.

Das Verabreichen von Medikamenten

Die genaue Dosierung nach Vorschrift ist wichtig, Über- oder Unterdosierung führen nicht zum erwünschten Erfolg. Eine ausgewachsene Ziege wiegt ungefähr 50 Kilo, Lämmer werden gewogen. Nach der Verabreichung vieler Medikamente ist laut Beipackzettel eine Wartezeit für Milch und/oder Fleisch angegeben. Diese muss in jedem Fall eingehalten werden. Ich neige dazu, diese Zeit eher noch zu verdoppeln, da ich Medikamentenrückstände so weit wie möglich vermeiden will und den Angaben der Pharmaindustrie misstraue.

Pulver mischt man am besten mit Honig und streicht es auf die Zunge. Ins Futter gemischt, wissen wir nicht, ob die Ziege ihre Dosis aufnimmt.

Pillen lassen sich sehr gut mit dem Eingebestab verabreichen. Man klemmt die Pille in den Stab, führt ihn von der Seite her ins Maul, schiebt ihn vorsichtig bis über den Zungenrücken und löst die Pille. So kann die Ziege sie nicht wieder ausspucken. Trotzdem beobachten.

Flüssigkeiten sind schwieriger einzugeben, dabei geht häufig etwas daneben. Man nimmt dazu eine Flasche mit nicht zu dickem Hals oder besser einen Eingebeballon. Langsam eingeben, damit geschluckt werden kann, und den Kopf nicht zu hoch halten, weil sonst Flüssigkeit in die Luftröhre gelangt, was zu einer Lungenentzündung führt.

Bei Hautparasiten kann man pudern oder eine Flüssigkeit anmischen, die wir mit der Gießkanne oder besser mit einer Gartenspritze auftragen, bis die Stellen durchnässt sind. Kleine Stellen werden gepinselt. Erkältungsgefahr.

Bei Salben ist darauf zu achten, dass sie gut haften bleiben. Gerne werden eingefärbte Salben benutzt, weil man besser sieht, ob noch genug auf der betreffenden Stelle drauf ist.

Verletzungen

Ziegen sind eigentlich sehr geschickt, dennoch kommt es vor, dass sie sich an Stacheldraht reißen oder den Fuß in einem Loch verstauchen. Kleine Wunden werden desinfiziert, größere verbunden. Humpelt eine Ziege, kontrollieren wir zuerst die Klaue auf eingetretene Fremdkörper, Wunde oder Krankheit. Dann tasten wir die Gelenke und Knochen ab und achten auf Schmerzanzeichen. Tritt bei Verstauchung nach zwei Tagen keine sichtbare Besserung ein, benachrichtigen wir den Tierarzt.

Verletzungen am Euter müssen besonders gründlich behandelt werden, damit es zu keiner ernsthaften Entzündung (Euterentzündung) kommt. Lämmer müssen dann abgesetzt werden, besonders wenn die Verletzung von ihnen verursacht wurde (Bisse). In jedem Fall muss weiter gründlich gemolken werden, auch wenn es für die Ziege schmerzhaft ist und die Wunde immer wieder aufbricht. Wir melken dann mit vorher desinfizierten Händen, die Wunde wird jedes Mal ebenfalls desinfiziert. Euterfettsalbe macht die Schorfschicht etwas geschmeidiger. Ist ein Melken aufgrund der Verletzung nicht mehr möglich, gibt es beim Tierarzt spezielle Kanülen, die steril in den Strichkanal eingeführt werden und die Milch ablaufen lassen.

Fütterungsbedingte Erkrankungen

Mangelkrankheiten

❍ **Milchfieber:** Selten, wenige Tage vor und nach der Geburt bei älteren Ziegen. Anzeichen: Schwankender Gang, Nachziehen eines Hinterbeins, Verstopfung, hintere Körperteile sind kalt. Ursache: akuter Kalziummangel. Vorbeuge: Gegen Ende der Trächtigkeit kein kalziumreiches Futter geben (Luzerneheu), das programmiert den Kalziumstoffwechsel für den Beginn der Laktation falsch, das für die Milch benötigte Kalzium wird in die Knochen geleitet. Mineralstoffe anbieten. Behandlung: Milchbildung nicht durch Leermelken anregen. Kalziumgabe intravenös durch den Tierarzt.

❍ **Ketose** (Trächtigkeitskrankheit): Am Ende der Trächtigkeit bis einige Wochen nach der Geburt bei fetten Tieren, Mehrlingen und hoher Milchleistung. Anzeichen: Appetitlosigkeit, Pansenstillstand, kein Wiederkäuen, schwankender Gang, Apathie, Festliegen. Typisch: Geruch nach Azeton in Atemluft, Milch und Urin. Ursache: Bei kohlehydratarmem Futter (Energie) wird der Bedarf aus dem Körperfett gedeckt. Dabei können giftige Stoffe entstehen (Azeton und sogenannte Ketokörper). Die Krankheit führt ohne Behandlung zum Tod. Vorbeuge: Ziegen nicht fett werden lassen. Bewegung mindert das Risiko. Ausreichende Fütterung mit bestem Heu. Behandlung: durch den Tierarzt.

❍ **Allgemeine Tipps:** Jede Form von Stress belastet den Stoffwechsel. Vor zu hohen Kraftfuttergaben sei nochmals ausdrücklich gewarnt. Während der Trächtigkeit möglichst kein Kraftfutter, erst zum Ende hin wieder langsam daran gewöhnen.

Verdauungsstörungen

❍ **Durchfall:** Normaler Ziegenkot besteht aus einzelnen »Köteln«. Bei breiigem oder flüssigem Kot liegt eine Störung vor. Ursachen: häufig Wurmbefall (siehe innere Parasiten), Fütterungsfehler, selten Vergiftung oder Darminfektion. Oft gibt es beim ersten Austrieb im Frühjahr auf die junge, eiweißreiche Wiese Durchfallprobleme. Raufutter zum Ausgleich anbieten. Futterumstellungen langsam vornehmen. Behandlung: Diät bei magerem Heu, Trockenschnitzel, eventuell Tierkohle. Reichlich Wasser anbieten. Bei anhaltendem Durchfall und Störungen des Allgemeinbefindens: Tierarzt.

❍ **Pansenübersäuerung:** Ziege verhält sich ungewöhnlich ruhig, keine Pansengeräusche, frisst nicht mehr. Ursache: stärkehaltige Futtermittel in ungewohnter Menge (Kartoffeln, Zuckerrüben, Rübenblatt, Getreide, Brot), ohne dass genügend Raufutter angeboten wurde. Vorbeuge: keine plötzliche Futterumstellung, stets Heu und Stroh anbieten, gelagertes Futter darf für die Ziege nicht erreichbar sein. Behandlung: Tierarzt.

❍ **Pansenfäule** (Eiweißvergiftung): Appetitlosigkeit, Apathie, keine Pansenbewegung, Kot stinkt, wird grau und schmierig. Bei längerer Krankheit kommt es zu Leberschäden. Ursache: zu eiweißreiches Futter, unsaubere Silage, zu viel Erde am Futter. Behandlung: Tierarzt.

❍ **Aufblähen:** Bauchdecke gespannt, linke Seite (Pansen) stark aufgetrieben, verängstigter Ausdruck. Ursache: zu viel und hastig gefressen (Kohl, Klee, Raps, Kartoffeln, gefrorenes, angewelktes oder stickstoffüberdüngtes Gras), Verschlucken von großen Apfel- oder Rübenstücken. Bei Lämmern: hastiges Trinken. Behandlung: leichte Pansenmassage, Hochstellen der Vorderbeine, Tierarzt.

Vergiftung

Ziegen wissen sehr wohl, was ihnen bekommt und was nicht, vorausgesetzt, ihnen steht genug Weide zur Verfügung. Manche Giftpflanzen wirken auf sie, im Gegensatz zu anderen Tieren, nicht giftig, manche setzen sie gezielt ein, um beispielsweise Würmer zu bekämpfen. Sie kennt die Heilkräuter der Natur besser als wir, je vielseitiger die Weidemöglichkeit, desto gesünder die Ziege.

Dennoch Vorsicht bei knapper Weide und besonders bei Stallfütterung: ausgesprochene Giftpflanzen nicht anbieten. Auch Kohl im Übermaß oder die Samenschoten von Senf können Vergiftungen hervorrufen.

Die Instinkte der Ziege reichen leider nicht aus, um die chemischen Perversionen unserer Zeit und Umweltgifte zu erkennen. Gewarnt sei noch mal vor gespritzten Flächen, bleibelasteten Straßenrändern, Wiesen bei Industrieanlagen, alten Müllkuhlen und Schuttplätzen sowie Futter- oder Mineralstoffmischungen, die nicht ausdrücklich für Schafe und Ziegen bestimmt sind. Die Kosten für Untersuchungen im Schadensfall sind erheblich.

Die Diagnose von Vergiftungen ist schwierig zu stellen. Die Vermutung liegt nahe bei ungeklärten Krankheitsfällen mit nervösen Störungen, Erblindung, blutigem Durchfall oder Blut im Urin.

Infektionskrankheiten

❍ **Lungenentzündung:** Lämmer sind besonders gefährdet. Anzeichen: Husten in verschiedener Form, Atemnot, Fieber, eventuell Schaum vorm Maul, wässriger Nasenausfluss. Ursache: vielfältig, u. a. bakteriell, virusbedingt, Fremdkörper in der Lunge, Lungenwürmer, schwere Erkältung. Vorbeuge: trockener, zugfreier, luftiger Stall, Vorsicht beim Eingeben von Medikamenten (Kopf nicht zu hoch halten), pulverisierte Mineralstoffe über Saftfutter geben, damit es nicht eingeatmet wird. Behandlung: Genaue Diagnose stellt der Tierarzt durch Abhorchen, meist sind Antibiotikagaben erforderlich.

Bakterielle Infektionen

❍ **Tetanus** (Wundstarrkrampf): Wundinfektion, an den Erregern kann auch der Mensch erkranken. Anzeichen: Die Muskeln werden durch Verkrampfung steif, Sägebockstellung, meist tödlich. Ursache: Erreger können im Mist und in der Erde vorkommen. Vorbeuge: Desinfektion von Wunden und Nabel, Sauberkeit bei Geburt, blutigen Eingriffen und Kastration. Menschen sollten dagegen geimpft sein.

❍ **Tuberkulose** und

❍ **Brucellose:** Beide Krankheiten gelten bei uns für Ziegen als ausgestorben. Weil sie aber auf den Menschen übertragbar sind, sollte man eine halbjährliche Untersuchung der Milch vornehmen lassen, um sicherzugehen.

❍ Es gibt noch eine ganze Anzahl bakterieller Infektionen, die so selten auftreten, dass ich sie nicht weiter aufführen will. Hilfe und genaue Bestimmung ist nur durch den Tierarzt möglich.

Virusbedingte Infektionen

Es folgt eine Aufzählung der virusbedingten Infektionen, die im Buch bereits erwähnt wurden. Eine Aufzählung aller virusbedingten Infektionen hat wenig Sinn, da sie hier nur verwirren würde. Eine genaue Diagnose und Behandlung erfolgt durch den Tierarzt. Wir können in den meisten Fällen wenig tun, außer den Kontakt mit fremden, kranken Tieren unbedingt zu meiden und verdächtige Tiere zu isolieren.

❍ **CAE** (Caprine Arthritis Enzephalitis): Eine weltweit vorkommende Krankheit, die auch in Mitteleuropa immer mehr Beachtung findet. Der Erreger gehört zur Familie der Lentiviren und ist mit dem Maedi-Visna-Virus der Schafe verwandt. Eine Infektion kann sich vom ersten Kontakt bis zum Auftreten klinischer Symptome über mehrere Wochen oder gar Jahre erstrecken, wobei nicht alle Tiere zwangsläufig klinische Symptome zeigen. Es ist ein schleichender Krankheitsverlauf, der für die Ziegen sehr unangenehm werden kann: Mit langsam fortschreitenden Entzündungen verändern sich die Gelenke, Sehnenscheiden oder Schleimbeutel, vorrangig das Vorderfußwurzelgelenk. Die Tiere bewegen sich ungern und liegen viel, sie fressen wenig, die Milchleistung lässt nach. Es kann auch zu Euterentzündungen kommen. In der Folge magern die Tiere ab, es kommt zu Fruchtbarkeitsstörungen, Geburtsschwäche und verminderter Widerstandskraft gegenüber anderen Krankheiten. Das Leben wird für die Tiere zur Qual bis sie eines Tages verenden. Ein Befall von Gehirn, Rückenmark und Lunge kommt in Deutschland noch selten vor, gehört aber zum weltweiten Erscheinungsbild. CAE ist eine heimtückische Krankheit, die bei allen Ziegenrassen verbreitet ist. Eine Behandlung erkrankter Tiere ist nicht möglich, vorbeugende Impfungen gibt es nicht. Daher versucht man besonders in der Herdbuchzucht über Sanierungsstrategien das Problem in den Griff zu bekommen: Über Blutuntersuchungen lassen sich Tiere ausmachen, die den Erreger in sich tragen. Der örtliche Ziegenzuchtverband oder auch der Tierarzt beraten über die derzeit übliche Häufigkeit der Untersuchungen sowie über weitere Maßnahmen. Im Fall einer Infizierung müssen die betreffenden Tiere strikt räumlich getrennt von den gesunden Tieren gehalten werden, ein Lamm einer infizierten Mutter muss sofort von ihr getrennt werden, es darf weder die Kolostralmilch der Mutter zu sich nehmen, noch darf ein Leckkontakt stattfinden. Durch regelmäßige Blutuntersuchungen und konsequentes Handeln wird es möglich, nach derzeit zwei Jahren auch größeren Ziegenbeständen den Status »CAE-unverdächtiger Ziegenbestand« zu erteilen. Natürlich setzt das voraus, dass man zwischenzeitlich die eigenen Ziegen auch nur in Kontakt zu ebenfalls CAE-unverdächtigen Beständen gebracht hat, was beim Zukauf von Tieren, beim Tausch, beim Decken und bei der vorübergehenden Unterbringung während eines Urlaubes zu bedenken ist! Man muss leider davon ausgehen, dass jede fremde Ziege ein möglicher Träger des CAE-Virus ist! Umso wichtiger erscheint es mir, dass sich möglichst alle Ziegenhalter (auch wenn nur eine Ziege gehalten wird) an den Untersuchungsreihen beteiligen, ob Herdbuch oder nicht, wir alle tragen eine große Verantwortung, damit eines Tages über jedem Ziegenstall das Prädikat »CAE-unverdächtig« hängen kann!

❍ **Scrapie** (Traberkrankeit): kann auch bei Ziegen auftreten, ist uns aber eigentlich von den Schafen her bekannt und ins Rampenlicht geraten, denn es gilt als erwiesen, dass die Rinderkrankheit BSE ihren Ursprung in der Scrapie hat: An Scrapie verstorbene Schafe sind wie andere Kadaver zu Tiermehl verarbeitet worden, was wiederum an Rinder verfüttert wurde. Auf diesem Wege wird wohl der Artensprung des Erregers vom Schaf zum Rind erfolgt sein. Nun, BSE ist auch ein Schrecken für uns Menschen, daher ein paar Worte dazu. In Großbritannien ist Scrapie seit etwa 1730 bekannt und tritt dort bis heute recht häufig auf, ohne dass man darin eine direkte Gefahr für den Menschen gesehen hat oder sieht. Erst über den Umweg BSE scheint es uns Menschen zu erreichen. In Deutschland ist Scrapie unter Schafen bislang kaum verbreitet. Noch seltener tritt sie unter Ziegen auf. Zum Krankheitsbild: Vermehrte Unruhe, Scheue und Schreckhaftigkeit, Zähneknirschen, Schlucklähmungen, Blindheit, Juckreiz, lahmender Gang (daher Traberkrankheit), im Spätstadium folgt der Tod. Scrapie kann nur im Labor am Gehirn toter Tiere diagnostiziert werden. Zum Thema Scrapie und BSE wird weiterhin rege geforscht. Um auf dem neuesten Stand der Dinge zu sein, empfehle ich die aktuellen Nachrichten von den Schaf- und Ziegenzuchtverbänden oder aus dem Internet abzufragen.

Nach derzeitigem wissenschaftlichem Kenntnisstand kann Scrapie nicht auf den Menschen übertragen werden. Und um allerletzte Zweifel auszuräumen, verzichte ich völlig auf Kraftfuttermischungen, da sie Spuren von Tiermehl enthalten können (siehe auch S. 79). Beim Schlachten verwende ich die Knochensäge möglich wenig, sondern benutze fast ausschließlich das Messer. Die Wirbelsäule trenne ich mit dem Messer möglichst im Ganzen heraus, damit das Nervenmaterial nicht in unseren Nahrungskreislauf gerät. Viele werden diese Maßnahmen vielleicht mit Recht für übertrieben halten, doch ich esse gern und will mir diese Freude ungetrübt erhalten!

❍ **MKS** (Maul- und Klauenseuche): beginnt meist mit leichten Allgemeinstörungen wie geringer Futteraufnahme, nachlassender Milchleistung und Trägheit. An der Schleimhaut im Mund, am Klauensaum und im Klauenspalt bilden sich kleine Bläschen, die leicht übersehen werden. Es gibt keine Behandlung. MKS ist keine Seuche, die vereinzelt auftritt, sondern die in rasantem Tempo alle Paarhufer eines Landstriches befällt. Insofern hört man eher von der nahenden Seuche, als dass sie die eigenen Tiere befällt. Über die Medien werden die verordneten Schutzmaßnahmen verbreitet, die dringend einzuhalten sind. Die Krankheit ist meldepflichtig.

Befall mit Parasiten

Innere Parasiten

❍ **Magen-Darm-Würmer:** Über den Lebenszyklus der Würmer siehe S. 71. Sie sind das größte Problem der Intensivhaltung. Für Lämmer kann starke Verwurmung zum Tod führen. Vorbeuge: Weidewechsel und Wurmkuren. Kotuntersuchungen sind möglich. Da Ziegen, die viel Laub fressen können und oft umgetrieben werden, weniger an Würmern leiden, reicht es, mildere Wurmkuren als die Chemotherapie durchzuführen.

Wurmpulver Kamala (Dr. Schaette) wirkt auf alle inneren Parasiten, die eine Magen-Darm-Passage in ihrem Entwicklungszyklus durchmachen, also auch gegen Bandwürmer. Der Wirkstoff sind die Samenhaare einer ostasiatischen Wolfsmilchart. Gebrauchsanweisung auf der Packung, Wartezeit drei Tage. Homöopathisch: Abrotanum D6, Dosierung: drei Tage lang einmal 15 Tropfen für ausgewachsene Tiere, zweimal fünf Tropfen für Lämmer ab fünf Kilo. Das Mittel wird auch in der Humanmedizin verwandt.

❍ **Lungenwürmer:** Anzeichen: Husten, Nasenausfluss, Allgemeinzustand und Wachstum schlecht. Symptome können chronisch werden und zu Lungenentzündung führen. Es gibt den großen und den kleinen Lungenwurm. Der große hat einen Zyklus wie die Magen-Darm-Würmer: Mit dem Kot werden Eier ausgeschieden, die sich auf der Wiese zu ansteckenden Larven entwickeln. Er verursacht die oben beschriebenen Symptome. Der kleine Lungenwurm braucht eine Schnecke als Zwischenwirt, ist seltener und wird kaum bemerkt. Kann zu chronischen Lungenentzündungen führen. Behandlung: Wurmmittel, die Lungenwürmer mit einschließen. Wartezeit für Milch und Fleisch einhalten.

❍ **Bandwürmer:** Sie halten sich bei ausgewachsenen Ziegen nicht, können aber Lämmer befallen. Bandwurmglieder sind im Kot deutlich sichtbar, sie sehen aus wie Bandnudeln. Behandlung nicht unbedingt nötig, sonst Kamala.

❍ **Leberegel:** Gefürchtet ist der große Leberegel (2 – 5 cm langer Saugwurm). Lebenszyklus: durchwandert die Leber, setzt sich in den Gallengängen fest und legt dort Eier, die mit dem Kot auf die Wiese gelangen (täglich 20000).

Daraus entwickeln sich Flimmerlarven, die in Schnecken eindringen, sich dort entwickeln und diese als ansteckungsfähige Larven verlassen. Die Ziege frisst sie mit dem Gras, über den Darm wandern sie in die Leber usw. Von der Ansteckung bis zur Ausscheidung der Eier dauert es etwa drei Monate, erst dann ist der Befall im Kot nachweisbar. Im August ist die Gefahr der Ansteckung am größten, besonders in feuchten, warmen Sommern.

Die Larven können in Schnecken überwintern und ein Jahr ansteckungsfähig bleiben. Diese Schnecken benötigen Feuchtigkeit. Gefährdung besteht auf moorigen Wiesen, an Graben- und Teichrändern.

Akute Form (beim Durchwandern der Leber): plötzliche Appetitlosigkeit, Schwäche, Zähneknirschen, kann zum Tod führen, meist im Spätsommer.

Chronische Form (in den Gallengängen eingenistet): Abmagerung, geringe Leistung, Durchfall, blasse Schleimhäute (Anämie).

Behandlung: Akute Form schwer möglich. Chronische Form: Kotuntersuchung machen lassen, meist erfolgreich. Beide Fälle Tierarzt, er wird harte Medizin verschreiben, Wartezeit für Milch und Fleisch einhalten. Vorbeuge: nicht in Feuchtgebieten weiden lassen, Wiesen trockenlegen.

Hautparasiten

Der Gesundheitszustand der Ziege ist ausschlaggebend, ob Hautparasiten zum Problem werden.

❍ **Läuse und Haarlinge:** kommen häufig vor, besonders zum Ende der Stallsaison. Manche Mittel sind lindanhaltig, den Tierarzt nach harmlosen Präparaten fragen. Behandlung nur nötig, wenn sie überhand nehmen.

❍ **Zecken:** Können verschiedene Krankheiten übertragen. Wir bestreichen sie mit Öl oder Propolistinktur, dann fallen sie ab.

❍ **Haarbalgmilben:** Vergrößerung der Haarbälge, besonders an Kopf, Hals und Schulter. Sie füllen sich mit hellem Talg und können ertastet werden. Kein Juckreiz. Haarausfall möglich. Verschwinden meist von selbst.

❍ **Räudemilben:** Sie können unterschiedliche Körperteile befallen. Juckreiz, Entzündung der Haut, Haarausfall, nicht immer Borkenbildung. Geeignetes Mittel vom Tierarzt holen.

Pilzerkrankungen

Bei Pilzbefall wird die Haut trocken, das Haar stumpf, es kommt zu Schuppenbildung und Haarausfall. Dunkle, feuchte Ställe begünstigen normalerweise diese Erkrankung.

❍ **Glatzflechte:** runde, verkrustete Hautflächen mit ausgefallenen Haaren. Verschwindet bei besseren Stallbedingungen, Bewegung im Freien, Sonne. Zur Unterstützung Kieselgurpräparat (Dr. Schaette).

Komplikationen nach der Geburt

Nachgeburtsverhalten und andere Probleme siehe S. 101. Erwähnt seien noch sichtbare Risse nach einer schweren Geburt. Eine Behandlung ist nicht unbedingt nötig, wenn die Blutung bald nachlässt (helles Blut). Zur Unterstützung der Heilung täglich mit sauberer Kamillenlösung abtupfen.

❍ **Euterentzündung:** Gefahr besteht nicht nur nach der Geburt. Sie wird auch durch verschiedene Erreger verursacht, die über den Strichkanal oder seltener über die Blutbahn ins Euter gelangen. Können diese dort nicht abgewehrt werden, so kommt es zu einer Entzündung. Verletzungen oder grobes, bzw. falsches Melken erleichtern den Erregern das Eindringen.

Akute Euterentzündung: Euter angeschwollen, ebenso die Lymphdrüsen (hinten oben am Euteransatz), Euter wird heiß und rot, schmerzhaft.

Bei stärkeren Fällen: Appetitlosigkeit, Apathie, Fieber. Milch geht zurück und ist in ihrer Konsistenz oft verändert. Behandlung: Weiterhin sauber und gründlich ausmelken, Antibiotikagabe durch den Tierarzt. Lange Wartezeit für Milch.

Brandige Euterentzündung (sehr gefährliche Form der akuten): Plötzlicher Beginn mit Blaufärbung an der Zitzenbasis, betroffene Euterstellen werden kalt. Die Ziege wirkt krank. Behandlung: sofort den Tierarzt holen! Die Entzündung entwickelt sich rasch, bei zu später Behandlung stirbt die Ziege bzw. eine Euterhälfte.

Chronische Euterentzündung: erst im fortgeschrittenen Stadium erkennbar. Knotenbildung, Verhärtung im Eutergewebe, häufige Flockenbildung in der Milch. Behandlung: Tierarzt. Vorbeuge: Milch zu Beginn des Melkens immer über Handfläche oder in dunkle Schale laufen lassen. Richtiges, sauberes und gründliches Melken, sofortige Behandlung von Euterverletzungen (vorhandene Lämmer absetzen, desinfizierende Salbe), saubere Einstreu.

Es gibt Möglichkeiten, die Milch auf Erreger hin untersuchen zu lassen. Ebenso kann der Zellgehalt in der Milch bestimmt werden (chronische Form), allerdings muss dabei beachtet werden, dass der Zellgehalt bei Ziegen von Natur aus höher liegt als bei Kühen.

Lämmerkrankheiten

Allgemein sind künstlich aufgezogene Lämmer wesentlich stärker krankheitsgefährdet als bei der Mutter saugende. Auf die Notwendigkeit gesunder Atemluft und guten Stallklimas wurde schon hingewiesen.

❍ **Durchfall:** Vorwiegend künstlich aufgezogene Lämmer sind betroffen. Auslösend wirken in den meisten Fällen Fehler beim Geben der Milch. Wichtig: richtige Temperatur, Sauberkeit, nicht mit Wasser verdünnen, nicht zu viel auf einmal geben, kaltes Wasser zusätzlich anbieten, Milchaustauscher im vorgeschriebenen Verhältnis anmischen, frühzeitig festes Futter anbieten.

Kommt es trotzdem zu Durchfall, wird die Milch für 24 Stunden abgesetzt. Ausreichend Wasser muss jetzt angeboten werden, weil Durchfall Flüssigkeitsverlust bedeutet. Nach dem Fasten wird langsam mit der halben Milchmenge die Fütterung wieder aufgenommen. Parallel wird der Tierarzt geeignete Medikamente geben. Bei Durchfallerkrankungen muss man zügig handeln, bevor die Lämmer zu stark geschwächt werden.

❍ **Grind** (Lämmergrind, Lippengrind): Eine häufige und ansteckende Lämmerkrankheit, die vorwiegend und stärker künstlich aufgezogene Lämmer befällt. Der Virus kann auch auf Menschen übertragen werden! Kranke Stellen nicht berühren, Hände reinigen.

Aus kleinen Bläschen an Lippen und Zahnfleisch entstehen dicke Krusten, die nach etwa zwei Wochen abfallen und dabei offene Wunden hinterlassen, die sich wiederum entzünden können. Diese Borken können sich auch oberhalb der Klauen bilden und außerdem Veränderungen an der Maulschleimhaut und Zunge bewirken, so dass die Nahrungsaufnahme problematisch wird. Es besteht die Gefahr, dass die Krankheit auf das Euter der Mutter übertragen wird. Ziegen und Lämmer, die bereits an Grind erkrankt waren, sind dagegen immun.

Die Behandlung richtet sich in erster Linie gegen die Gefahr der Wundinfektion, am günstigsten ist in diesem Fall ein Desinfektionsspray. Es muss dafür gesorgt werden, dass die Lämmer genug Nahrung zu sich nehmen.

❍ **Lämmerrotz:** siehe Lungenentzündung. Ursache ist in vielen Fällen schlechte Stallbodenluft.

Die Enthornung von Ziegen

In den Grundregeln der Europäischen Union zum ökologischen Landbau steht, dass eine Enthornung von Tieren nicht systematisch durchgeführt werden darf. Das ist ganz richtig, denn neueste Forschungen zeigen erneut: Die Tiere werden bei diesem Vorgang erheblichen Schmerzen ausgesetzt, egal wie jung sie noch sind. Hinzu kommt die Gefahr nachfolgender Entzündungen. Trotzdem ist nach dem deutschen Tierschutzgesetz eine Enthornung weiterhin zulässig. Als ethische Rechtfertigung gilt, dass der Nutzen einen guten Grund darstellt. Einen Kommentar erspare ich mir, denke aber, das Tierschutzgesetz bedarf dringend einer Anpassung. Die Enthornung ist eine Tortur für die Tiere, die durch nichts zu rechtfertigen ist.

Einen begrüßenswerten Ansatz für ein Umdenken verfolgt die Tierärztliche Vereinigung für Tierschutz e. V.. Sie definiert die Enthornung von Tieren als eine Amputation, und als solche ist sie nach dem deutschen Tierschutzgesetz grundsätzlich verboten. Eine Ausnahmeregelung zur Enthornung von Ziegen besteht nicht. Lediglich aus medizinischen Gründen wäre eine Amputation erlaubt und darf nur von einem Tierarzt unter Betäubung durchgeführt werden.

Bestimmungen zur Kennzeichnung

Als Reaktion auf neue Krankheiten hat der Gesetzgeber umfangreiche Regelungen zur Kennzeichnung und Registrierung von Nutzieren erlassen, die nun europaweit gültig sind. Ziel ist es, die Herkunft der Tiere besser verfolgen zu können, um eventuell auftretende Seuchen schneller einzudämmen, als das in der Vergangenheit möglich war. Denken wir an die Verbreitung von BSE oder das Auftreten der Maul- und Klauenseuche im Jahr 2001, so sehen wir auch die Bilder vor Augen, wie eine ungeheure Anzahl von Tieren vorbeugend getötet wurde, aus der ohnmächtigen Angst heraus, dass diese Seuchen sich weiter verbreiten können. Mit der Meldung und Registrierung unserer Ziegen ist natürlich ein enormer bürokratischer Aufwand verbunden, aber ich möchte trotzdem für diese Maßnahmen werben, denn durch die Rückverfolgung auf mögliche Infektionsherde lässt sich hoffentlich die überzogene Keulung von riesigen Tierbeständen reduzieren, wie wir sie in der Vergangenheit erlebt haben. Die Registrierung von Ziegen soll auch der Überwachung der BSE verwandten Scrapie (siehe S. 146) dienen, was ebenfalls Sinn macht, um die Erforschung diese Gattung der Gehirnerkrankungen (Transmissible Spongioforme Encephalopathie TSE) voranzubringen.

Die aktuelle Kennzeichnungs- und Meldepflicht betrifft alle Ziegenhalter:

- Landwirte und Schäfereien,
- Landwirte, die nur wenige Ziegen halten,
- Besitzer von Ziegen, die im Rahmen von Landschaftspflegeprogrammen gehalten werden,
- Hobbylandwirte und Hobbyziegenhalter.

Für Händler von Ziegen, Transporteuren und Schlachtbetrieben gelten gesonderte Regeln.

Wir sollten davon ausgehen, dass alle älteren Tiere bereits gemeldet und mit mindestens einer Ohrmarke versehen sind. Sollte das nicht der Fall sein, so ist dies unverzüglich nachzuholen.

Anlaufstelle für die Meldung von Ziegen ist das zuständige Veterinäramt. Mit Fragen und Unklarheiten kann man sich auch an die Schaf- und Ziegenzuchtverbände der einzelnen Bundesländer wenden.

Mit der Meldung erhält man eine individuelle Nummer, mit der die Tiere zu kennzeichnen sind. Als besonderer Stichtag gilt der 9. Juli 2005. Alle Ziegen, die nach diesem Datum geboren wurden, sind innerhalb von neun Monaten, spätestens aber wenn sie den Geburtsort verlassen, mit dieser Nummer zu versehen, und zwar wie folgt: Zuchtziegen erhalten eine Ohrmarke mit der Registriernummer und zusätzlich eine zweite Ohrmarke mit identischem Aufdruck oder alternativ als zweite Kennzeichnung eine Ohrtätowierung oder ein Fesselband. Für Ziegen kleinwüchsiger Rassen darf eine kleinere Ohrmarke verwendet werden. Für Lämmer, die innerhalb eines Jahres geschlachtet werden sollen, gelten vereinfachte Vorschriften. Ziegen, die vor dem 9. Juli 2005 geboren und markiert wurden, behalten die Markierung nach den damals gültigen Vorschriften.

Dies ist soweit nur ein grober Überblick zur Kennzeichnung von Ziegen mit Stand vom Juli 2007. Einzelheiten, Sonderregelungen und mögliche Änderungen kann man bei den Zuchtverbänden oder dem Veterinäramt erfragen. Unter dem Stichwort »Viehverkehrsverordnung« lassen sich im Internet die nationalen Bestimmungen finden. Ab 2008 ist es geplant, Zuchttiere auch elektronisch zu kennzeichnen, man kommt also nicht umhin, die aktuellen Entwicklungen zu verfolgen.

Neben der Kennzeichnung ist ein Ziegenhalter auch zur Führung eines Bestandregisters verpflichtet, in dem Registriernummer, Name und Anschrift des Halters, Produktionsrichtung (Fleisch oder Milch), Anzahl der gehaltenen Tiere, eventuelle Änderung von Kennzeichen, Zugänge und Abgänge von Tieren (Geburt, Kauf, Tod, Verkauf), alles jeweils mit Datum, eingetragen werden müssen. Wechselt eine Ziege den Besitzer, so ist ein vom Halter unterschriebenes Begleitdokument auszustellen. Bei jedem Halterwechsel sind auch Angaben zum Transporteur und seinem Fahrzeug zu machen. Ein Papierkrieg scheinbar ohne Ende. Aber diese lückenlose Transparenz ist sicher notwendig, um im Falle ansteckender Seuchen möglichst schnell und effektiv handeln zu können, damit vorbeugende Massenkeulungen wie beim Ausbruch der Maul- und Klauenseuche von 2001 nicht wiederholt werden müssen.

Adressen

Verbände

Bundesverband Deutscher Ziegenzüchter e.V. (BDZ)
Claire-Waldoff-Straße 7, 10117 Berlin
Tel.: 030 / 31904542; www.bundesverband-ziegen.de

Tierärztliche Vereinigung für Tierschutz e. V. TVT
Bramscher Allee 5, 49565 Bramsche; www.tierschutz-tvt.de

Ziegenzuchtverband Baden-Württemberg e.V.
Heinrich-Baumann-Straße 1 – 3, 70190 Stuttgart
Tel.: 0711 / 1665502; www.ziegen-bw.de

Landesverband Bayrischer Ziegenzüchter e.V.
Haydnstr. 11, 80336 München
Tel.: 089 / 537856; www.ziegenzucht-bayern.de

Schafzuchtverband Berlin-Brandenburg e.V.
Neue Chaussee 6, 14550 Groß-Kreutz
Tel.: 033207 / 32573; www.schafzuchtverband-berlin-brandenburg.de

Hessischer Ziegenzuchtverband e.V.
Sensensteiner Straße 36, 34266 Niestetal-Heiligenrode
Tel.: 0561 / 528843; www ziegenzucht.de

Landesschafzuchtverband Mecklenburg-Vorpommern e.V.
Zarchliner Straße 7, 19395 Karow, Tel.: 038738 / 73071

Landesverband Niedersächsischer Ziegenzüchter e.V.
Johannssenstraße 10, 30159 Hannover
Tel.: 0511 / 36651484; www.ziegenzucht-nds.de

Landesverband Rheinischer Ziegenzüchter e.V.
Fritzdorfer Straße 2, 53343 Wachtberg
Tel.: 02225 / 7085846; www.ziegenzucht-rheinland.de

Landesverband der Ziegenzüchter Rheinland-Pfalz e.V.
Bahnhofsplatz 9, 56068 Koblenz, Tel.: 0261 / 9159331

Landesverband der Schaf- und Ziegenzüchter im Saarland e.V.
Lessingstraße 14, 66121 Saarbrücken, Tel.: 0681 / 6650529

Sächsischer Schaf- u. Ziegenzuchtverband e.V.
Torgauer Straße 116, 04347 Leipzig, Tel.: 024 / 34213; www.sszv.de

Landesverband Schleswig-Holsteinischer Schafzüchter e.V.
Steenbeker Weg 151, 24106 Kiel, Tel.: 0431 / 332608; www.schafzucht-kiel.de

Landesverband Thüringer Ziegenzüchter e.V.
Am Johannishof 3, 99085 Erfurt, Tel.: 0361 / 74980713; www.thueringer-ziegen.de

Landesverband der Ziegenzüchter für Westfalen-Lippe e.V.
Nevinghoff 40, 48147 Münster, Tel.: 0251 / 2376864

Schweizerischer Ziegenzuchtverband (SZZV)
Belpstraße 16, Postfach, 3000 Bern 14, Tel.: 031 / 3886111; www.szzv.ch

Österreichischer Bundesverband für Schafe und Ziegen (ÖBSZ)
Dresdner Straße 89/19, 1200 Wien, Tel.: 01 / 334 / 172140; www.alpinetgheep.at

Zeitschrift

Schafzucht. Das Magazin für Schaf- und Ziegenhalter, Eugen Ulmer KG; Wollgrasweg 41, 70574 Stuttgart, Tel.: 0711 / 45070

Käsereibedarf

Rolf Rockmann, Postfach 750816, 28728 Bremen, Tel.: 0421 / 628181; www.rockmann.de

Eschenbüscher, Heitwinkel 19, 33129 Delbrück-Boke, Tel.: 05250 / 6731

Bunte Kuh, Hinterdorfstr. 18, 36154 Hosenfeld Hainzell, Tel.: 06650 / 1560; www.kaesereibedarf.de

Fa. Selbermachen, Schubertstraße 1, 75365 Calw-Altburg, Tel.: 07051 / 50720; www.selbermachen.biz

Martin Kössel, Postfach 1332, 87503 Immenstadt

Helmut Rink GmbH, Wangenerstraße 18, 88279 Amtzell
Tel.: 07520 / 6145; www.rink-gmbh.de

Zanettin GmbH, Elhardtplatz 2, 87471 Durach

Hildegard Glück, Munderfing 44, 5222 Munderfing, Österreich
Tel.: 07744 / 6071; www.kaesereibedarf.co.at

Bichsel Käsereibedarf, 3506 Großhöchstetten, Schweiz
Tel.: 031 / 7111111; www.bichsel-ag.ch

Arzneien und Pflegemittel auf biologischer Basis

Gebr. Schaette KG, Stahlstraße 5,88339 Bad Waldsee

Tel.: 07524 / 40150; www.schaette.de

Propolisprodukte

Imkerei Köwing, Hauptstraße 21, 26345 Grabstede, Tel.: 04452 / 7290

Propolis-Versand, R. Sönksen, Schillerstraße 43, 25813 Husum
Tel.: 04841 / 9550; www.propolis-versand.de

Imkerei Werner Hohmann, Fußgängerzone, 63667 Nidda, Tel.: 06043 / 2932; www.hohmann.de

Annette Arnold und René Reibetanz

Annette Arnold und René Reibetanz haben bereits in den 70er Jahren die Notwendigkeit eines Lebens mit der Natur erkannt, und ein Ergebnis ihrer Erfahrungen liegt mit diesem überarbeiteten Buch zur artgerechten Ziegenhaltung vor, das erstmals 1986 erschien und über die Jahre nicht nur in Fachkreisen der biologischen Landwirtschaft hoch gelobt wurde. Von ihnen ist auch das Buch zur artgerechten Schafhaltung *Alles für das Schaf* (pala-verlag) erschienen; darüber hinaus haben sie Bücher zu den Themen Wolle und ihre Verarbeitung, Basteln mit Bienenwachs, Obstweinbereitung, Wissenswertes rings ums Fahrrad und zum Stichwort Ökologie der Seele geschrieben. Seit mehr als 25 Jahren sind sie ein gutes Team und leben von Tieren umgeben in Irland.

Index

Bücher zur artgerechten Tierhaltung

Arnold / Reibetanz:
Alles für das Schaf
ISBN: 978-3-89566-186-0

Ute Rhein:
Der Geflügelhof
ISBN: 978-3-89566-147-1

Anne Lindenberg:
Bach-Blütentherapie für Haustiere
ISBN: 978-3-89566-108-2

Sarah Heath:
Katzen verstehen
ISBN: 978-3-89566-183-9

Rheinstr. 35, 64283 Darmstadt
www.pala-verlag.de
Überarbeitete und aktualisierte Neuauflage
ISBN: 978-3-89566-235-5

Lektorat: Wolfgang Hertling
Umschlagfoto: Tierfotoagentur / W. J. Pilsak
Zeichnungen: Annette Arnold und Tine Lambrecht
Druck: fgb • freiburger graphische betriebe
www.fgb.de
Printed in Germany

Dieses Buch ist auf Papier aus 100 % Recyclingmaterial gedruckt